DE BOUDDHA À JÉSUS

LE BOUDDHISME & LE CHRISTIANISME VUS DE L'INTÉRIEUR

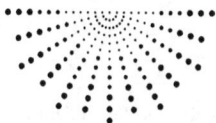

STEVE CIOCCOLANTI

DISCOVER
MEDIA

Titre original anglais :

From Buddha to Jesus: An Insider's View of Buddhism & Christianity

de Steve Cioccolanti

ISBN du livre original : 978-0-9804839-0-1

Publié par Discover Media, www.discover.org.au

Couverture de Kiko Arakawa kikoarakawa@gmail.com

© 2007-2020 Steve Cioccolanti

Titre français :

De Bouddha à Jésus : le bouddhisme & le christianisme vus de l'intérieur

ISBN du livre de poche : 978-0-9804839-9-4

ISBN de l'ebook : 978-0-9804839-3-2

Traduit de l'anglais par Rébecca Sold.

Imprimé en France

CONTENTS

CE QU'EN PENSENT LES LEADERS

« Non seulement l'auteur révèle les *vrais* enseignements de Bouddha, mais il enseigne aussi de façon admirable de nombreuses vérités bibliques si indispensables pour mener une vie chrétienne victorieuse. »

DAVID PEARCE
Missionnaire au Tibet

« Avec son livre *De Bouddha à Jésus*, Steve a placé entre les mains de l'église locale un outil de qualité, bien écrit et bien étudié, en vue du témoignage. Je recommande fortement son livre, et suggère à quiconque ayant affaire aux religions orientales de le lire et de se servir de son contenu. »

COL STRINGER
Auteur à succès & Président d'ICFM Australie

« Ce livre nous amène à comprendre beaucoup de choses. Il pourra être utile aux étudiants de notre école biblique. »

DR WAYNE CORDEIRO
Pasteur d'une église de plus de 10 000 membres à Hawaï

« Après avoir lu *De Bouddha à Jésus*, nous étions mis au défi, nous nous sommes sentis mieux équipés avec des informations justes et, sur de nombreux points, nous avons été recadrés. Nous n'avions pas réalisé que nous avions tant d'idées fausses sur le bouddhisme. Nous ne savions pas non plus que tellement d'enseignements du bouddhisme pouvaient en fait nous aider à expliquer aux bouddhistes qu'ils ont besoin que Jésus soit leur Sauveur. »

TONY & PATSY CAMENETI
Directeurs de RHEMA Australie, missionnaires à Singapour et en Italie

« Le bouddhisme est un mystère pour la plupart des Australiens ; pourtant, de plus en plus de gens l'envisagent comme une croyance possible. Steve Cioccolanti nous a à tous rendu service en rendant les fondements du bouddhisme accessibles à chacun de nous. Ce livre sera un outil très important pour ceux qui désirent que Jésus, la Lumière, soit élevé dans l'esprit de ceux qui sont influencés par Bouddha, le Tout-Illuminé. »

ALLAN MEYER
Pasteur de l'église Careforce Church de Mont Evelyn (Australie)

« *De Bouddha à Jésus* est un livre qui vaut vraiment la peine d'être lu et diffusé à d'autres chrétiens. Il a été écrit pour aider les chrétiens à atteindre les bouddhistes avec l'Évangile de manière plus efficace, en comprenant les points communs que nous avons avec eux. Il offre de précieux éclairages sur les raisons d'être des pratiques et des croyances bouddhistes. Ainsi équipé, le chrétien sera plus en mesure d'annoncer l'Évangile aux bouddhistes avec sagesse et stratégie, tout comme Paul l'a fait avec les Athéniens dans Actes 17.

Ce livre a également permis de clarifier certaines fausses idées sur le bouddhisme qui sont courantes dans la société occidentale, comme l'idée que je me faisais de la réincarnation. Il m'a vraiment éclairée sur le bouddhisme en me faisant découvrir des choses que je n'avais pas rencontrées jusqu'à présent dans d'autres livres sur les religions du monde. Ce livre a été écrit dans un style accessible à tous, avec des anecdotes intéressantes qui illustrent les points d'enseignement. Je recommande fortement à tout chrétien à la fois le livre et son auteur. »

PEGGY ONG
Ancienne de l'église Full Gospel Assembly de Melbourne

« C'est un livre vraiment édifiant et instructif sur le bouddhisme qui contient beaucoup de références et de comparaisons au christianisme. Ce livre est un outil utile pour atteindre avec la vérité non seulement les bouddhistes, mais encore beaucoup d'autres qui se retrouvent confus dans la pléthore de religions. »

TOM INGLIS
Fondateur de Psalmody, ancien Directeur Musical de RHEMA
Afrique du Sud

« En plus de pouvoir apprendre tellement de choses, je crois que Steve a un merveilleux don pour s'exprimer. Sa façon d'écrire est si claire et facile à comprendre, que ce livre pourrait bien devenir un livre d'étude qui servirait comme support de cours dans l'enseignement, et serait disponible dans les bibliothèques, les écoles et les universités à travers le monde. Je prie que cet important ouvrage littéraire ait la faveur de Dieu. »

DAVID BOX
Responsable des projets et propriétés de l'église Destiny Church de Melbourne

PREFACE

« Vous tenez entre vos mains un livre qui sort des sentiers battus, un ouvrage qui vous amènera à repenser votre foi et à voir comment elle peut atteindre ceux que d'autres ont laissés de côté.

J'ai grandi à Hawaï, dans un mélange culturel de l'Orient et de l'Occident. Ma mère a été bouddhiste pendant de nombreuses années de sa vie, et mon père était catholique. En grandissant, je me suis donc retrouvé confus ! J'étais tiraillé entre les deux cultures et croyances de ceux que j'aimais.

En apprenant à connaître Christ en tant que jeune homme, j'ai eu de plus en plus à cœur d'atteindre ceux qui avaient d'autres croyances. J'ai rapidement compris que la première étape pour y parvenir n'était pas nécessairement de leur partager les Quatre Lois Spirituelles ou de leur donner un Nouveau Testament. Au lieu de cela, il s'agissait plutôt de comprendre leur façon de voir les choses et de les aimer chacun comme une personne pour laquelle Christ est mort.

Après avoir lu l'ouvrage audacieux de Steve Cioccolanti, je fus à nouveau mis au défi et encouragé dans mon cœur à faire le prochain pas, désormais avec assurance, pour atteindre les bouddhistes avec l'Évangile. Il enseigne au lecteur comment, en ayant une bonne compréhension de leur contexte, nous pouvons rendre leur cœur réceptif et, un jour, ouvert à la Bonne Nouvelle !

Steve Cioccolanti est un homme qui marche sincèrement avec Christ et qui connaît particulièrement bien le cœur de la pensée bouddhiste. L'arrière-plan et le contexte desquels il est issu nous permettent d'aller au fond des choses, ce qu'aucune université ne pourrait apporter à un étudiant avide de réponses. Vous trouverez dans ses paroles autant de compassion que de compréhension pour ceux qui, depuis des générations, ont été élevés dans des traditions et croyances bouddhistes. Il vous amènera aussi à voir ce qu'on peut y trouver de positif, plutôt que de considérer seulement les aspects négatifs. Vous découvrirez ce qui a conduit des millions de personnes, en Asie et au-delà, à une philosophie de vie qui a résisté à des millénaires de critiques et de guerres.

J'ai recommandé ce livre aux étudiants de notre école biblique qui souhaitent toucher le littoral du Pacifique. Je vous le recommande à vous qui allez gagner votre monde à Christ.»

Dr Wayne Cordeiro
Président de l'école biblique Pacific Rim Bible College
Pasteur de l'église New Hope Christian Fellowship à Hawaï

🪷 🪷 🪷

« En Australie, le recensement de 2006 indique que le nombre de bouddhistes a augmenté de 107% depuis 1996. Par contre, il semblerait qu'il y ait eu peu d'évolution en ce qui concerne la compréhension du bouddhisme dans l'Église ou chez les chrétiens en général.

Dans l'Église, certains ont adopté les pratiques bouddhistes de la méditation. D'autres voient le bouddhisme comme une religion de paix, qui met en avant la tolérance et la connaissance de soi, sans grande différence avec le christianisme. Les concepts bouddhistes du karma et de la réincarnation sont acceptés par un nombre surprenant de jeunes gens, dont beaucoup dans l'Église.

Dans son excellent livre, Steve Cioccolanti nous invite à découvrir ce qu'est vraiment le bouddhisme, l'ayant lui-même connu de l'intérieur. Au travers d'histoires et de légendes bouddhistes, il introduit les enseignements de Bouddha qui portent souvent beaucoup plus sur la recherche de la vie, et non sur des chemins qui mènent à l'épanouissement. Il explique quelles sont les différentes formes de bouddhisme que l'on peut trouver dans les différents pays, et traite de sujets comme « Le bouddhisme et les femmes », ou encore « Bouddha est-il au ciel ? »

Ce que ce livre a de surprenant, c'est non seulement la manière simple dont il explique le bouddhisme, mais également la façon dont Steve le met en relation avec la foi chrétienne et le message d'espoir qu'elle contient. Il compare les enseignements bouddhistes à la Bible, en présentant certains symboles clés du bouddhisme comme des passerelles pour recevoir la vie éternelle en Christ, et en interrogeant personnellement le lecteur sur ses propres croyances, lui proposant des prières pour y voir plus clair.

C'est un livre qui sera vraiment précieux pour tout chrétien qui voudrait en savoir plus sur les religions orientales, et spécialement pour ceux qui veulent partager leur foi avec un bouddhiste. Ce sera aussi une lecture enrichissante pour une personne bouddhiste qui aimerait mieux comprendre sa propre foi, et mieux comprendre qui est Jésus. »

PASTEUR ROB ISAACHSEN
Fondateur de Transforming Melbourne

AVANT-PROPOS DE L'ÉDITION FRANÇAISE

J'ai vécu dans le sud de la France durant la période de mon adolescence. Mon but était d'apprendre la langue française, mais malheureusement les études ne faisaient pas parti de mes priorités. Je passais mon temps à faire la fête et éventuellement cela me mettait dans des situations peu enviables. Il y a deux choses que je n'aurais jamais imaginé se réaliser quand je vivais encore en Provence : 1) Je n'aurais jamais pensé qu'un jour j'écrirais un livre en français! 2) Je n'aurais jamais pensé que je pourrais vraiment connaître Dieu.

La France est un pays formidable lorsqu'il s'agit des reliques de la Chrétienté. On peut trouver dans chaque ville des églises magni ques, mais presque vides. Elles sont fréquentées que par des personnes très âgées ou de très jeunes enfants. J'étais pour la plupart du temps le seul adolescent. En cette époque, j'assistais aux messes sans vraiment y comprendre grand-chose. J'essayais de penser à Dieu, mais je ne le connaissais pas. Quelqu'un avait certainement créé le monde, mais qui était-ce, je n'en étais pas sûr.

Après que je sois devenu Chrétien en Thaïlande, grâce au témoignage d'un ex-moine bouddhiste, j'ai désiré ardemment revenir en France dans le but de réparer certains de mes torts. J'avais de merveilleux souvenirs de la France, mais aucun d'entre eux n'avait de rapport avec la vie chrétienne. Je suis convaincu que si j'étais un chrétien né de nouveau habitant en France, j'aurais eu une bien meilleure expérience de vie, et j'aurais certainement traité les gens avec plus de respect. L'amour de Dieu nous aide à voir la vie différemment et à jeter un regard plus positif sur soi.

La France m'a laissé tant de souvenirs inoubliables; et après que je sois devenu chrétien, j'ai voulu partager à mon tour quelque chose de la piété à la société française. Je suis allé en Afrique francophone en deux occasions pour partager l'Evangile et prier pour les malades – J'ai été témoin de nombreux miracles de Dieu à travers la guérison des vodous et des musulmans. Dieu a dû voir mon amour pour la France parce qu'il a choisit Rébbeca Sold et sa famille missionnaires, qui ont joué un rôle déterminant à faire passer mon message au monde francophone. C'est grâce à leurs obéissances et leurs éfforts que vous tenez aujourd'hui ce livre dans vos mains.

Notre destin ne dépend pas seulement de ce que nous faisons, qui est l'humanisme, mais de ce que le Christ a fait pour nous et ce qu'Il apporte dans notre vie, qui est le Christianisme. Je prie pour que ce livre vous apporte les outils pour mieux comprendre qui était Bouddha, et vous inspire à redécouvrir le Christ pour ce qu'Il est.

—Rébecca Sold

AVANT-PROPOS SUR LA LANGUE

Il est indispensable que vous appreniez quelques mots nouveaux pour en savoir plus sur le bouddhisme. Par exemple, le mot « Bouddha » n'est pas un mot français, mais c'est un mot sanskrit dont la racine « bud » veut dire éveiller. Ainsi Bouddha signifie l'« Éveillé » ou le « Tout-Illuminé ». Il y a de nombreux autres mots étrangers qu'il vous faudra connaître si vous voulez étudier le bouddhisme de plus près : cela peut constituer une barrière linguistique pour une personne moyenne (même bouddhiste !).

Si vous souhaitez étudier le bouddhisme en profondeur (et je ne pense pas que ce soit forcément le cas), il vous sera nécessaire d'apprendre deux langues étrangères anciennes, le pali et le sanskrit. Les musulmans comprendront cela aisément puisqu'ils ont une croyance similaire. Si vous voulez devenir un musulman appliqué, vous êtes censé lire le Coran en arabe. Beaucoup de musulmans qui ne parlent pas arabe ne font que réciter les sons arabiques, sans en connaître la signification. Les bouddhistes font la même chose lorsqu'ils chantent dans d'anciennes langues indiennes qu'ils ne comprennent pas.

Les chrétiens ont connu le même problème en Europe, quand la Bible n'était écrite qu'en latin[1]. Par contre, avec la Réforme protestante[2], la Bible a été traduite dans la langue natale des gens[3]. Les catholiques ont refusé l'usage de la langue courante, et les messes ont été données en latin jusqu'en 1965[4] !

Encore aujourd'hui, les bouddhistes ne traduisent pas chaque mot bouddhiste dans leur propre langue. Par exemple, le mot « karma » vient directement du pali-sanskrit[5]. D'autres mots comme « réincarnation » sont presque toujours traduits, parce que peu de gens sauraient reconnaître le mot pali-sanskrit dans sa forme originale, qui est « samsara ».

Si vous avez besoin de temps pour vous faire à ces nouveaux mots, ne soyez pas surpris ! Presque personne ne parle le pali-sanskrit de nos jours ; ce sont des langues anciennes comme le latin ou le grec ancien. Les mots bouddhistes anciens sont généralement répétés en anglais moderne et en thaï, puisqu'actuellement 60 millions de bouddhistes parlent thaï. En thaï, le mot « karma » se dit « gumma » ou, dans la langue de tous les jours, tronqué simplement en « gum » (rime avec « hum »). Vous pouvez prononcer n'importe quel mot bouddhiste en français, en anglais, en thaï ou en pali-sanskrit. Dans ce livre, vous allez trouver les mots-clés sous leurs différentes formes, parce que ces précisions peuvent vous aider à comprendre et à communiquer avec d'autres cultures.

Pour réaliser à quel point le pali-sanskrit influence la culture bouddhiste, il suffit à un Occidental de regarder quel est l'impact gréco-romain sur la civilisation occidentale. Imaginez un étudiant à l'université qui essaye de réussir en médecine, droit, biologie, chimie ou astronomie, sans apprendre aucun mot latin ou grec ! Sans nécessairement savoir parler latin ou grec, il aura besoin d'être à l'aise avec les termes de son domaine d'étude. De la même façon, pour être bouddhiste ou comprendre le bouddhisme, vous avez besoin de connaître certains de ces mots anciens.

Les mots sont libres, et plus important encore, les mots construisent des passerelles. Alors, prenez plaisir à apprendre quelques nouveaux mots !

PARTIE I
COMPRENDRE LE BOUDDHISME

INTRODUCTION

Je ne partirai pas du principe que vous connaissez le bouddhisme. Je vais vous parler des bases. Mon objectif principal est d'aider les chrétiens à comprendre le bouddhisme tel qu'il est réellement vécu, et non tel qu'il est décrit dans les livres. Quand les chrétiens discutent avec des bouddhistes, ils ne devraient pas s'imaginer qu'ils sont contre Christ ou encore « fermés » à l'Évangile. Pas forcément. C'est ce que j'aimerais vous amener à comprendre. Même s'il y a certaines différences, il y a aussi beaucoup de choses étonnamment similaires.

Alors, pourquoi devrions-nous nous intéresser au bouddhisme ?

Le bouddhisme est la religion d'état ou majoritaire de douze pays : le Bhoutan, le Cambodge, la Chine, le Japon, le Laos, la Mongolie, le Myanmar, la Corée du Sud, le Sri Lanka, la Thaïlande, le Tibet, et le Vietnam. Le bouddhisme a aussi une place très importante dans la culture de plusieurs autres régions du monde, comme l'Inde, l'Indonésie, Singapour, Taïwan et Hawaï[1]. Aujourd'hui, au moins 350 millions de gens sont nés bouddhistes. Cela correspond à l'ensemble de la population des États-Unis, ou encore à la moitié de tous les Européens vivant à ce jour ! Même si la plupart des bouddhistes sont nés dans des familles bouddhistes, certains Occidentaux étudient et/ou se convertissent au bouddhisme. Par ailleurs, beaucoup de gens dans le monde s'intéressent aux arts martiaux, et 90% de tous les arts martiaux orientaux sont fortement influencés par le bouddhisme. Il est donc utile pour nous – chrétiens, bouddhistes, et qui que ce soit – d'aborder la question du bouddhisme.

Personnellement, il y a de nombreuses raisons qui me font aimer les bouddhistes. J'ai grandi dans un pays bouddhiste, j'ai reçu des enseignements bouddhistes, et il y a des bouddhistes dans ma famille. Du temps où je me disais déiste, je portais autour du cou un Bouddha blanc et une croix de Jérusalem. Ce qui est intéressant, c'est que lorsque j'étais dans mon pays natal bouddhiste, ce sont plusieurs croyants ayant un arrière-plan bouddhiste qui m'ont persuadé de me poser moi-même des questions sur la foi chrétienne. J'ai donc eu une vision du christianisme au travers d'yeux orientaux, et j'en suis venu à embrasser Christ moi-même.

Mais après avoir passé du temps dans le monde occidental, à savoir l'Australie, différents états américains et plusieurs pays européens, je connais également la pensée occidentale. Je crois qu'actuellement les intellectuels occidentaux ne comprennent pas le bouddhisme. Ils en parlent en termes de tolérance, d'harmonie et d'unité cosmique, qui, je pense, doivent bien se vendre au public occidental ; mais s'il m'est jamais arrivé d'entendre un bouddhiste utiliser l'un de ces termes pendant mon enfance, je ne m'en rappelle vraiment pas !

J'ai l'impression que, pour beaucoup d'intellectuels occidentaux, le bouddhisme peut être un moyen de contrer quelque chose qu'ils n'aiment pas, à savoir le christianisme. La vérité, c'est que le bouddhisme ne s'est jamais opposé au christianisme. Le christianisme n'existait même pas du temps où Bouddha était dans les environs !

Quand quelqu'un adhère à cette idée – qu'adopter le bouddhisme est un moyen de s'opposer aux traditions chrétiennes qu'il n'aime pas – il ne comprend vraiment pas de quoi il s'agit. En fait, c'est en partie ce qui attire les Occidentaux. C'est même probablement l'intérêt principal qu'y portent les érudits, les étudiants et les adeptes du New Age. Pour eux, le charme du bouddhisme, c'est le mystère de ce qu'ils ne comprennent pas.

Dans ce livre, je vais vous expliquer certains aspects du bouddhisme d'une façon que des natifs bouddhistes vont aisément comprendre, mais aussi d'une façon que vous ne seriez pas prêt d'entendre dans une salle de classe de l'Occident. Vous allez également en apprendre plus sur des points communs peut-être inattendus qu'on peut retrouver entre le christianisme et le bouddhisme, et lire de nombreux témoignages d'histoires vécues. La vie des bouddhistes d'aujourd'hui renferme l'une des plus grandes histoires restées dans l'ombre de la littérature spirituelle.

Je suis conscient qu'il existe déjà des centaines de livres sur le bouddhisme, et autant de ressources sur le christianisme. Je n'ai pas cherché à reproduire ou remplacer ces ouvrages, mais à combler les manques et à accentuer certaines choses qui ont longtemps été négligées dans la littérature courante. De nombreux auteurs – natifs et étrangers – ont bien sûr essayé d'éclairer ces deux grandes croyances séparément. Mais ce qui manque encore, me semble-t-il, c'est qu'aucune personne qui vient de l'intérieur n'ait essayé d'expliquer les deux croyances simultanément. J'ai été bouddhiste et je suis maintenant chrétien. J'ai vécu avec des bouddhistes et avec des chrétiens. Ce que j'ai à partager ne sera pas théorique, mais des faits réels et des histoires vraies selon la perspective de quelqu'un qui vient de l'intérieur.

Il y a de nombreuses raisons d'étudier ces deux grandes religions du monde – le bouddhisme et le christianisme – et de les étudier ensemble ! Après avoir lu ce livre, les faits qu'il contient, les paraboles *qui n'avaient jamais été traduites auparavant*, et les témoignages de vie de bouddhistes et de chrétiens, vous ne devriez plus être déconcerté par ces deux grandes croyances ! Du moins, vous devriez être plus à l'aise pour discuter avec le prochain bouddhiste (ou chrétien) que vous rencontrerez.

UNE HISTOIRE DE L'AUTRE CÔTÉ DU RIDEAU DE BAMBOU

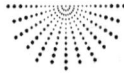

L'expression « rideau de fer » faisait référence à un mur invisible et idéologique qui séparait l'Europe de l'Est (communiste) de l'Europe de l'Ouest. Pendant près de cinquante ans, les gens qui se trouvaient à l'intérieur du bloc communiste ne savaient pas vraiment ni ne comprenaient ce qui était en train de se passer dans le reste du monde. Pour eux, l'Occident était leur ennemi. Grâce aux prières ferventes, ce mur s'écroula, symbolisé par la chute du mur de Berlin en 1989.

Le même genre de mur invisible, que je vais appeler le « rideau de bambou », sépare les chrétiens des bouddhistes. Les non-bouddhistes ne comprennent pas vraiment en quoi consistent les cultures bouddhistes, les familles bouddhistes, ni la vie des bouddhistes. Et la plupart des bouddhistes ne savent pas vraiment non plus ce qu'est la foi chrétienne, ni de quoi il est question dans la Bible. Ils se perçoivent parfois les uns les autres comme des ennemis, ce qu'ils ne sont en aucun cas.

Il y a de nombreuses histoires que j'aurais aimé pouvoir vous raconter, mais le temps et la place manqueraient. Nous allons commencer avec l'une d'elles, et il y en aura d'autres dans le livre par la suite. « L'histoire de la murène » vous donnera un aperçu de ce à quoi peut vraiment ressembler le fait d'être né dans un pays bouddhiste et de vivre en tant que bouddhiste.

L'HISTOIRE DE LA MURÈNE

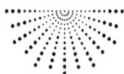

*C*ette histoire n'est pas une histoire pour enfants. C'est une histoire destinée à des adultes, alors je vais essayer de la restituer avec les bons mots, de sorte que les adultes comprennent. Au travers de ce récit, je vais vous montrer ce qu'implique la doctrine du **karma** dans la vie réelle.

Je vais régulièrement en Thaïlande pour parler aux gens, et, lors de l'un de mes voyages, j'ai eu l'occasion de discuter avec une amie bouddhiste. Voici ce qu'elle m'a raconté :

« Depuis l'âge de douze ans, je n'étais plus capable de prononcer le mot « murène »[1]. Je ne supportais même plus d'entendre ce mot. J'étais littéralement traumatisée. Mon père a essayé d'en faire frire une fois, mais cela a été la dernière. Depuis lors, toute ma famille ne pouvait plus manger de murène[2].

Celui qui est mon mari depuis maintenant huit ans était obligé de garder la télécommande en main pendant qu'il regardait la télévision, juste au cas où le mot « murène » serait dit. Quand nous allions au marché ensemble, il devait me tenir par le bras au cas où nous verrions une murène sur la place. Que m'était-il donc arrivé ?

Quand j'avais douze ans, je suis allée au marché de Pratunam[3] et j'ai vu une murène monter le long de la jupe d'une marchande. La femme cria de douleur et essaya de la retirer, mais la murène la mordit. La femme et la murène moururent, et il y avait du sang partout. C'est paru dans le journal il y a trente ans.

Cet incident était ancré dans ma mémoire, et à chaque fois que j'entendais parler d'une murène ou que j'en voyais une, je tombais littéralement au sol et tremblais comme une épileptique. D'après le bouddhisme, il s'agit d'un karma qui m'a suivie depuis une vie antérieure de péchés. Les bouddhistes thaïs l'appellent « wain gum », ou la vengeance du karma. D'autres bouddhistes m'ont expliqué que j'avais sûrement dû faire du mal à une murène dans une vie antérieure, et que maintenant, dans cette vie, la murène devait prendre sa revanche sur moi. Nous croyons que le karma est toujours après nous. Il nous suivra à tout jamais, jusqu'à ce qu'il soit payé d'une manière ou d'une autre.

Je suis allée au temple pour chercher de l'aide auprès d'un moine. Voici ce qu'il m'a conseillé : « Il faut d'abord méditer, puis « sadau kro »[4]. Pour ce faire, il faudra relâcher 99 murènes dans 99 temples. » J'étais terrifiée. En général, il suffisait que j'aperçoive une murène pour que je m'évanouisse. Le moine me disait d'en relâcher 99 ! J'avais tellement peur que je demandai à l'une de mes amies de tenir le seau qui contenait les 99 murènes, pendant que je m'agrippais à sa main. Je tremblais de tout mon corps rien qu'en m'agrippant à la main de mon amie. Nous avons relâché toutes les 99 murènes dans un seul temple ; aussi, je me demandai si cela comptait, ou si j'avais vraiment triché.

Le moine me dit : « Si vous ne pouvez pas le faire, alors devenez une nonne[5] pour vous racheter de vos péchés. » Cela signifiait que je devais rester dans le temple, m'habiller en blanc, dormir sur une natte, manger deux repas par jour, tourner en rond en pensant à inspirer et expirer, et à quel pied j'allais utiliser pour faire le prochain pas. Je n'ai réussi à faire cela que pendant deux mois.

Est-ce que cela a marché ? Cela n'a rien changé du tout ! Je ne supportais toujours pas d'entendre ou de prononcer le mot « murène ».

À cette époque, je possédais un restaurant que je louais à une chrétienne. Deux ans plus tôt, cette locataire chrétienne avait essayé de m'évangéliser et m'avait parlé de Dieu. Seulement, elle s'y était prise d'une mauvaise façon. Elle me dit : « Est-ce que tu veux venir à l'église ? Aller à l'église, c'est une bonne chose. C'est une bonne chose d'être chrétien. » Elle ajouta : « Si tu fais quelque chose de mal ou si tu pèches, si tu insultes quelqu'un ou lui fais des reproches, ou si tu voles quelque chose à quelqu'un, il te suffit d'aller à l'église le dimanche, de confesser tes péchés, et tout est réglé. La semaine suivante, tu peux recommencer à pécher !» Je commençai alors à avoir peur d'elle et à l'éviter. Je ne voulais pas aller dans son église. Mon mari, par contre, y est allé deux fois.

Lorsque cette femme m'y invita pour la troisième fois et que je refusai, elle m'injuria. À partir de ce moment-là, je me mis à détester les chrétiens. Je devins ardente à ce sujet. Je voulais savoir si le christianisme enseignait aux gens à être comme elle. Quel genre de Dieu enseigne aux gens à être mauvais ?

J'étais de plus en plus avide de savoir ce qu'était réellement le christianisme. Ainsi, chaque fois que je prenais un taxi et que je ne voyais pas d'idoles[6], je demandais : « Êtes-vous un chrétien ? Pouvez-vous m'expliquer ce qu'est le christianisme ? », mais aucun d'eux ne le put. Un jour, quelqu'un de ma famille m'annonça : « Je suis chrétienne maintenant ! » Je dis à mon mari que nous ne devrions plus passer de temps avec elle désormais. Je ne voulais pas qu'on m'évangélise.

Cette personne ne cessait de m'inviter à aller dans son église. Finalement, par respect pour ma famille, je décidai de m'y rendre. La première matinée où j'y suis allée, mon mari et moi avions encore la gueule de bois de la nuit précédente. Nous ne rations aucune occasion de boire de la bière. Nous étions « accros » à la bière. On m'envoya dans la salle où on accueillait les nouveaux croyants, et le pasteur dit : « Priez, et osez demander quelque chose à Dieu, quoi que ce soit ! Osez lui demander de vous montrer qu'il est réel. » J'ai donc fermé les yeux, et alors que je commençai à prier, je sentis comme si je m'élevais dans les airs. C'est arrivé à trois reprises, mais je ne voulais toujours pas y croire. « C'était peut-être le fruit de mon imagination », pensai-je.

Toutefois, je voulus retourner à l'église le mercredi suivant. Et, à nouveau, j'y suis allée ivre. Je demandai au pasteur de prier pour moi, puis je rentrai chez moi en continuant de méditer comme je l'ai toujours fait. Mais quelque chose avait commencé à changer. Je n'avais plus envie de chanter en pali, et mon mari dut continuer de le faire tout seul. Je voulais aller à l'église.

Alors que j'y allais, je pouvais sentir au fond de moi de plus en plus de paix. Je devenais quelqu'un de plus aimable. Je m'emportais beaucoup moins. Très rapidement, je commençai à inviter mon mari à venir à l'église avec moi régulièrement.

Ma vie avait changé depuis que je me rendais dans cette église ; aussi, je décidai de passer par les eaux du baptême. C'est à ce moment-là qu'un miracle se produisit. Un jour, mon mari était en train de regarder la télévision, et il oublia d'appuyer sur la télécommande quand quelqu'un prononça le mot « murène ». Il eut si peur que je m'évanouisse, mais je ne l'avais même pas remarqué. Il me dit : « Chérie, n'as-tu pas entendu qu'ils ont dit murène ? » Je lui répondis : « Est-ce qu'ils ont dit murène ? » Mon mari en fut encore plus choqué : « Quoi ? Parce que tu peux dire murène, aussi ?! »

Voilà comment nous avons su que j'avais été libérée de tout karma. Il n'était plus après moi, désormais. Il n'y avait plus de « wain gum » qui me suivait pour des péchés passés. Après environ deux mois où je pouvais à nouveau dire murène, j'étais tellement heureuse que je suis allée rendre visite à ma mère de 84 ans. Je lui dis : « Maman, je peux dire murène maintenant ! » Ma mère était si contente, qu'elle me demanda : « Est-ce que je peux t'accompagner à l'église ? » Elle vint, et Jésus la guérit de calculs rénaux. Le médecin lui avait dit auparavant qu'elle n'en aurait plus pour longtemps à vivre. Mais après ce culte, il lui fit faire une radio et il ne restait aucune trace de calculs !

❀ ❀ ❀

C'est l'un des nombreux témoignages de bouddhistes que je pourrais vous raconter. C'est la doctrine du karma dans la vie réelle, pas celle qu'on trouve dans les livres. Si vous craignez les murènes, on présume que vous avez un jour fait du mal à une murène. Si vous êtes né ou devenez paralytique, on présume que vous avez été une mauvaise personne dans une vie antérieure. **Le karma cherche toujours à faire justice.**

La culpabilité, la crainte de la vengeance du karma, le désespoir de ne jamais être libre d'une malédiction, sont autant de choses qui augmentent l'angoisse et l'incertitude dans la vie d'un bouddhiste. Je vous en prie, ne pensez pas que le bouddhiste type vit en phase avec la nature, ou flotte sur un nuage de paix, et qu'il n'a pas besoin d'entendre l'Évangile que les chrétiens ont à lui partager. La doctrine du karma ne produit généralement pas la compassion, mais la condamnation. Quand des bouddhistes sincères cherchent à se purifier de leur karma, et à respecter toutes les 227 lois de Bouddha (pour les hommes), ils réalisent qu'ils ne peuvent pas y arriver. Et cela les condamne davantage encore.

« L'histoire de la murène » est notre première illustration de la différence flagrante qu'on trouve si souvent entre les suppositions occidentales et les réalités orientales.

3
QUAND L'ORIENT RENCONTRE L'OCCIDENT

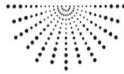

*E*st-ce que tous les bouddhistes insistent sur la réincarnation, pratiquent la méditation et considèrent le soi comme une illusion vide de sens ? La perception occidentale du bouddhisme semble le suggérer. En réalité, beaucoup de bouddhistes ne parlent pas de réincarnation, mais d'aller au ciel ou en enfer. Peu de bouddhistes pratiquent régulièrement la méditation. Et la plupart d'entre eux aiment bien vivre et se faire de l'argent.

Les bouddhistes adorent-ils Bouddha comme leur dieu ? Voilà encore un malentendu interculturel. Certains chrétiens ont supposé que « les bouddhistes pensent que Bouddha est dieu, de la même façon que les chrétiens pensent que Jésus est Dieu ». Les bouddhistes, en fait, pensent que Bouddha était un être humain, quoiqu'un être humain très particulier.

Le malentendu existe dans les deux sens. Certains bouddhistes ont supposé que « Jésus était le leader de la religion chrétienne, de la même façon que Bouddha était le leader de la religion bouddhiste ». Pour être clair, les chrétiens croient que Jésus est bien plus qu'un leader religieux, et qu'il est en fait le Dieu créateur venu dans la chair. Tandis que Bouddha n'a jamais commandé à personne de l'adorer, Jésus au contraire recevait l'adoration[1] et disait que quiconque croyait en lui et faisait de lui son Sauveur aurait la vie éternelle[2].

❀ ❀ ❀

BRISER LES MYTHES

Pourquoi tant de malentendus sur le bouddhisme perdurent-ils dans ce soi-disant « âge de l'information » ? Je verrais trois raisons principales à cela, peut-être parmi de nombreuses autres.

Premièrement, la doctrine n'est simplement pas aussi importante que les pratiques pour un bouddhiste. Par pratiques, j'entends qu'un bouddhiste type peut passer sa vie entière à participer aux rites, aux chants et au symbolisme du bouddhisme sans jamais se poser de questions sur le fondement de sa religion. Une telle chose est presque impossible pour une pensée occidentale.

L'Occidental veut adhérer à des croyances cohérentes et clairement définies. Le bouddhiste se sent surtout concerné par les pratiques traditionnelles. Le fait que ces pratiques aient pu être instaurées avant ou après Bouddha, ou empruntées à l'hindouisme ou à l'animisme, ou contredisent même certains enseignements de Bouddha importe peu.

Le bouddhiste moyen n'est pas toujours cohérent dans ses croyances. Par exemple, il peut croire à la fois à la réincarnation ET au ciel et à l'enfer – ce qui est une source de confusion pour l'Occidental. Les bouddhistes croient que Bouddha est allé au nirvana[3], ce qui signifie que son existence est totalement terminée, et pourtant ils continuent de le prier. « Qui prient-ils donc ? », demanderait sans doute un Occidental. Le bouddhiste type méditera rarement sur une telle contradiction.

Le concept de « bonne fortune »[4] est très important pour la plupart des bouddhistes. Les représentations de Bouddha sont censées apporter la bonne fortune à leurs possesseurs. En Asie, beaucoup de gens portent des petites figurines de Bouddha comme amulettes, parce qu'ils pensent qu'elles leur porteront chance. Pourtant, les enseignements mêmes de Bouddha peuvent être interprétés comme excluant l'existence de la chance. « La loi de causalité » (comme l'enseigne Bouddha) dit que rien n'arrive par chance ou par hasard.

Le bouddhisme se veut être une religion fondée sur la raison. Si tout est basé sur la loi de cause à effet, comme Bouddha l'a dit, alors il est impossible que la chance intervienne. Cependant, la plupart des bouddhistes vivent profondément dans la crainte de mauvaise fortune[5] et achèteront autant d'idoles qu'ils penseront nécessaires pour les protéger de la malchance et leur attirer la bonne fortune. L'intellectuel occidental trouvera cela contradictoire. Pour lui, soit on est superstitieux, soit on est rationnel, mais on ne peut pas être les deux ! Les Orientaux ne sont pas si cohérents dans leur théorie. C'est ce qui est très difficile à suivre et à comprendre par des Occidentaux.

Pour un bouddhiste, la religion est un ensemble de pratiques, pas un ensemble de réponses. Pour un Occidental, il est très étrange que le bouddhiste moyen ne se pose pas de questions. Le bouddhisme ne répond pas aux questions sur l'origine de l'univers, des démons, de l'humanité, ou du commencement et de la fin du karma. Il indique tout juste que le karma vient de nos désirs intérieurs, mais il ne nous dit pas *pourquoi* nous les avons. Pour une religion qui croit en la loi de causalité, la cause de ce qui est d'une importance majeure est négligée, et la question d'une « Cause Première » est complètement ignorée !

Si l'univers est le résultat de la loi de cause à effet, la pensée occidentale exige bien sûr la réponse à la question suivante : « Qui, ou qu'est-ce qui était la Cause *Première* ? » L'idée que l'univers n'aurait pas de commencement a été démentie[6]. Croire que le commencement de l'univers n'a pas de cause est illogique. Tout ce qui a un commencement doit avoir une cause. L'univers a besoin d'une cause.

La théorie bouddhiste de la « loi du karma » ressemble de très près à la loi scientifique occidentale dite « de cause à effet ». C'est ce qui à la fois attire et refroidit les Occidentaux. D'un côté, certains d'entre eux sont attirés par l'idée que le bouddhisme serait une « religion scientifique ». De l'autre côté, la plupart ne peuvent accepter une religion qui reste sans réponse sur l'origine, le but et la destinée de la vie. Ce que la Bible dit au sujet de la création comble un manque dont le bouddhisme ne se préoccupe pas. Croire qu'un Dieu personnel, intelligent et moral ait marqué le début du temps et de l'espace semble sensé et sonne juste dans le cœur d'un individu. On a démontré qu'il y a une complexité et une ingéniosité derrière chaque chose, à tout niveau dans l'univers, même si toute création est en déclin et dépérit rapidement à cause de nos péchés.

Mon objectif n'est pas de dévoiler les contradictions du bouddhisme par rapport à la logique, ni d'établir les différences qu'il y a entre le bouddhisme et le christianisme. Ce que je veux mettre en avant, ce sont les nombreuses similitudes, largement méconnues, qu'on trouve entre le bouddhisme et le christianisme, et qui peuvent servir de point de départ à une communication interculturelle. Cependant, je serai clair quant aux différences qu'il y a entre le bouddhisme et le christianisme.

Si j'aborde quelques contradictions du bouddhisme, c'est seulement afin de mieux expliquer pourquoi il a été difficile de « cerner » le bouddhisme pour en faire un ensemble de croyances constantes. Les Orientaux n'ont vraiment pas un esprit aussi analytique que les Occidentaux. Ces derniers ont tendance à utiliser des arguments. Ils aiment débattre de questions comme : « Jésus a-t-il existé ? » Les Orientaux, par contre, ne demanderont jamais : « Bouddha a-t-il existé ? » Le fait qu'il ait existé *10 fois* n'est pas du tout remis en cause, bien que ce soit sûrement beaucoup plus difficile à prouver que le fait que Christ ait vécu une seule vie, très publiquement.

Je vais essayer de présenter les croyances bouddhistes de façon à ce que ça ait du sens pour quelqu'un qui a une manière de penser occidentale et/ou chrétienne. J'essayerai aussi d'indiquer quelles sont les croyances et pratiques au cœur du bouddhisme qui seront les bases essentielles d'une évangélisation pertinente.

L a deuxième raison pour laquelle les Occidentaux ont tendance à avoir une image inexacte du bouddhisme, c'est parce que ceux d'entre eux qui sont les plus enclins à s'y intéresser ont généralement eu une mauvaise expérience dans une église chrétienne pendant leur jeunesse. Ils voient le bouddhisme comme une manière de rejeter ce qu'ils désapprouvaient dans leur expérience d'église. Animés par ce genre de sentiments, certains

Occidentaux en recherche peuvent inconsciemment vouloir que le bouddhisme soit quelque chose qu'il n'est pas historiquement.

Dans l'Occident, le bouddhisme est devenu une religion privée, basée sur un individualisme que rien ne préoccupe. On le perçoit comme une religion sans contraintes, sans règles, et « qui libère l'esprit ». Malgré le fait qu'il y ait de nombreuses divergences à l'intérieur du bouddhisme, la chose qu'il n'est PAS est « ce que j'ai envie qu'il soit ». Qu'est donc le bouddhisme ? La réponse doit être donnée sous la forme d'une question : « Qu'est-ce que Bouddha désirait qu'il soit ? » Voilà ce qu'est le bouddhisme. C'est ce qui sera un des sujets principaux de ce livre.

L a troisième raison peut être attribuée à la popularisation occidentale du dalaï-lama, qui représente une secte, petite mais largement mise en avant, du bouddhisme au Tibet sous le contrôle de la Chine. Le bouddhisme tibétain est la forme la plus récente de bouddhisme, s'étant développée séparément au Tibet aux environs du VIIème et VIIIème siècles après Jésus-Christ. Selon le bouddhisme tibétain, ou lamaïsme, un bouddha est mort mais continue de revenir sous la forme d'un dalaï-lama. Plus que n'importe quelle autre chose, c'est probablement cela qui a rendu le concept de réincarnation si populaire en Occident. Mais nous devons nous poser la question suivante : « Le Bouddha Sakyamuni à l'origine était-il un bouddhiste tibétain ? » D'un point de vue historique et géographique, la réponse est non. J'aborderai le concept de réincarnation et les idées fausses qu'on peut en avoir plus tard dans le livre.

Je veux vous montrer qu'en ayant une approche honnête et historique du bouddhisme et du christianisme, on découvre qu'ils n'entrent pas en contradiction l'un avec l'autre, mais que l'un conduit à l'autre – le plus ancien prépare le chemin au plus récent. Les dernières paroles de Bouddha introduisent les premiers mots de Christ dans le Nouveau Testament.

4

LE BOUDDHA MAIGRE, LE GROS BOUDDHA ET LE BOUDDHA RIEUR

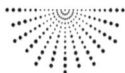

*B*eaucoup de gens se sont demandé : « Comment se fait-il que Bouddha ait, dans plusieurs temples, une apparence si différente ? Est-il gros ou mince ? A-t-il un air sérieux ou est-il rieur ? » Les gens ne savent pas vraiment.

Quand vous regardez certaines statues anciennes de Bouddha, il a l'apparence d'un homme élancé. Si vous vous rendez au Japon, il ressemblera à Hercule, un grand homme musclé. Passez par la Thaïlande, et il méditera sereinement. Allez voir en Chine, il aura de l'embonpoint et sera en train de rire. Ils l'appellent le Bouddha rieur. Mais rendez-vous au Tibet, et vous le verrez très sérieux et sévère. Revenez ensuite au Vietnam, et il sera à nouveau mince.

Les gens se retrouvent face à tout cela et se demandent : « Lequel est-il ? Quel Bouddha est le vrai Bouddha ? » De la même façon que le bouddhisme varie d'un pays à l'autre, Bouddha change lui aussi d'apparence dans chaque pays.

Finalement, Bouddha était-il mince ou gros ? Selon la tradition, Bouddha mangeait seulement un repas par jour. C'était un ascète qui vivait loin de tout dans la forêt, des fois pour une période allant jusqu'à six ans. Vous devinez aussi bien que moi à quoi il devait ressembler physiquement, puisqu'en mangeant un repas par jour on ne doit probablement pas prendre autant de poids. Du moins, je ne pense pas qu'on puisse parvenir à un tel embonpoint. En fait, le gros Bouddha est une personne différente du Bouddha Sakyamuni qui est à l'origine. Le Bouddha rieur était un moine du nom de Hotei qui, selon le bouddhisme mahayana[1], doit revenir comme un bouddha de la fin des temps, appelé Maitreya[2].

Bouddha était-il sérieux ou amusant ? Si vous revenez aux premiers enseignements bouddhistes, vous y trouverez que le bouddhisme était en fait contre l'humour et le rire. Parmi les 227 règles que les moines doivent suivre et qui sont répertoriées dans le *Vinaya*, l'une d'elles stipule qu'il ne faut pas rire bruyamment. C'est un péché de rire de manière à ce que d'autres puissent l'entendre. À nouveau, sans être catégorique à ce sujet, il semblerait que le Bouddha original ait été une personne un peu plus sérieuse que le montrent ses dernières représentations.

🪷 🪷 🪷

LA DIVERSITÉ AU SEIN DU BOUDDHISME

Le bouddhisme est aussi diversifié que le christianisme. Les fidèles bouddhistes de partout dans le monde observent des pratiques différentes. Certains moines se rasent les sourcils, d'autres ne le font pas. Certains moines peuvent prendre épouse, d'autres non. (On retrouve la même chose dans le christianisme : les prêtres catholiques ne peuvent pas se marier, les pasteurs protestants le peuvent[3].) Certains portent des tuniques oranges, d'autres des vertes, et d'autres encore en revêtent des jaunes ou des blanches. Certains portent des chaussures, d'autres ne peuvent pas en porter. Certains peuvent utiliser de l'argent, d'autres non. Certains enseignent la réincarnation, d'autres croient au ciel et à l'enfer. Certains croient au dalaï-lama qui continue de se réincarner encore et encore – actuellement, il s'agit du 14ème dalaï-lama. Certains croient en la venue d'un bouddha de la fin des temps ; en d'autres termes, Bouddha est venu une fois, mais il reviendra, et son nom est Maitreya. D'autres croient que Bouddha ne reviendra plus jamais. Le fait qu'il soit un « Bouddha » signifie que c'est la dernière fois qu'il est venu et qu'il ne va pas renaître une fois encore.

Une des raisons pour laquelle les bouddhistes ne sont pas d'accord sur leur théologie et sur la façon de la pratiquer, c'est qu'ils n'ont pas un seul texte de référence (comme la Bible), mais qu'un très grand nombre de textes existent. (Nous verrons de plus près les principaux textes bouddhistes dans le chapitre intitulé « Les trois corbeilles ».) Toute cette diversité rend très difficile la tâche de définir exactement ce qu'est le bouddhisme, ou d'établir des formules universelles qui exprimeraient ce en quoi croit chaque bouddhiste. Les gens le pratiquent de tant de manières différentes !

Mais le bouddhisme n'est pas non plus « en libre accès » pour tous. Nous commencerons avec ce sur quoi tout le monde devrait tomber d'accord : la vie de Bouddha. Ensuite, nous parlerons des enseignements absolument fondamentaux de Bouddha sur les quatre nobles vérités, les cinq lois morales, les dix karmas, et la réincarnation, avant d'explorer des paraboles et prophéties de Bouddha qui ont rarement été traduites.

5
QUI ÉTAIT BOUDDHA ?

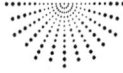

Q ui était Bouddha, historiquement ? Son nom n'était pas Bouddha, mais Siddhartha Gautama. C'était un prince indien qui cherchait le moyen d'échapper au karma. Il est également connu sous le titre de Sakyamuni, qui signifie le « sage du clan des Sakyas ».

Siddhartha Gautama est censé être la 10ème et dernière réincarnation de la même personne. À proprement parler, une fois que quelqu'un est parvenu à atteindre le statut de bouddha, il ou elle n'est plus supposé revenir. Pourtant, certains bouddhistes attendent le retour de Maitreya, un bouddha de la fin des temps[1], et certains bouddhistes croient que le dalaï-lama est un bouddha réincarné. Cependant, quand nous parlerons de Bouddha, nous ferons référence à Bouddha Gautama, celui qui a déclaré : « C'est ma dernière naissance. »

(Pour le distinguer des autres bouddhas, on se réfère d'habitude à Gautama comme le Bouddha Sakyamuni.)

Bouddha est né un 8 avril dans le jardin Lumbini[2] situé en Inde ancienne, dans l'actuel Népal. Sept jours plus tard, sa mère, la reine Maya, mourut. Il fut donc élevé par la plus jeune sœur de sa mère, Maha-prajapati. Cinq jours après sa naissance, son père, le roi Suddhodana, reçut une prophétie de huit brahmanes[3] disant que Siddhartha avait le potentiel de devenir un grand homme. Asita dit :

« S'il ne devient pas un saint homme de grande influence, il sera un grand roi. S'il devient un saint homme, il sera le plus formidable fondateur de la plus grande religion du monde. » Mais le plus jeune des brahmanes, nommé Kaundinya[4], prit la parole et ajouta : « Non, il doit devenir un moine, des connaissances lui seront révélées et il sera le fondateur d'une grande religion. »

Son père, en tant que roi, n'aimait pas l'idée que son fils devienne un moine (ce qui est compréhensible), et il décida donc de le préserver de tout enseignement religieux, ainsi que d'avoir connaissance de la souffrance humaine. Il essaya de lui faire profiter d'une vie confortable où il ne connaîtrait que les plaisirs de la vie. En fait, il construisit trois palais pour que son jeune fils puisse y être à l'aise pendant chacune des trois saisons de l'année[5].

À l'âge de seize ans, il épousa une jeune princesse, une cousine[6] qui s'appelait Yasodhara. Ils furent mariés pendant treize ans. À l'âge de vingt-neuf ans, il eut son premier et unique fils nommé Rahula, ou Rahun en thaï.

C'est à peu près à cette période que le prince, sortant de son palais, vit quatre personnes différentes : une personne âgée, une personne malade, une personne décédée, et enfin un prêtre. Il vit qu'après leur naissance, les humains souffrent de vieillesse, de maladie, puis meurent. Il comprit que tout le monde souffre, et que personne ne peut échapper à la souffrance. Ce problème troublait son cœur, et il y pensait encore et encore. Il désirait trouver un moyen de sortir de ce cercle vicieux qu'est la « roue de la souffrance ».

Alors, il lui vint la pensée qu'il y a une dualité dans la vie. S'il y a de la chaleur, il y a aussi du froid. S'il y a de la souffrance (la naissance, le vieillissement, la maladie, la mort), alors il doit y avoir quelque chose à l'opposé (pas de naissance, pas de souffrance, pas de douleur, pas de mort). Le prince considéra le bonheur du monde comme une illusion[7], et que le vrai sens de la vie était d'échapper au cycle de la souffrance. La seule façon d'y parvenir était d'être libéré[8] du cycle de la vie.

Il pensa qu'une manière d'y arriver était de choisir le célibat et de devenir un moine. Ainsi, à l'âge de vingt-neuf ans, il abandonna son fils nouveau-né Rahula et sa femme Yasodhara. Au départ, il prit la décision de devenir un « sadhu », ou un moine de la religion hindoue. Il coupa ses cheveux, changea de vêtements, et changea de statut en devenant, de très riche qu'il était, quelqu'un de très pauvre. Il donna tout ce qui lui restait à son serviteur, Channa, pour qu'il l'emmène chez lui. Il essaya de suivre deux brahmanes hindous, des enseignants, mais sentit que l'hindouisme n'avait pas la réponse[9]. Il partit donc pour trouver sa propre voie.

Rapidement, cinq disciples le suivirent. Après avoir vécu six ans dans la forêt comme un ascète, châtiant son corps, jeûnant, priant et méditant, il abandonna. Il alla se baigner dans une rivière et accepta un bol de riz-au-lait d'une femme nommée Sujata[10]. Ces cinq disciples en furent très choqués. Profondément déçus, ils le quittèrent.

Seul, Siddhartha continua de chercher un moyen de sortir du cycle de la souffrance, choisissant une voie plus modérée. La légende veut qu'il se soit assis sous un figuier[11] et qu'il fit le vœu de ne pas se relever jusqu'à ce qu'il ait eu une révélation à ce sujet. À l'âge de trente-cinq ans, il parvint à l'éveil[12]. C'est historiquement le moment où l'hindouisme et le bouddhisme se distinguèrent. Bouddha se détacha de la tradition hindoue et des enseignements des brahmanes, et commença une nouvelle religion.

Un arbre de la Bodhi, ou arbre Bo.

La carrière d'enseignant de Bouddha commença tandis qu'il cherchait deux de ses anciens enseignants pour leur partager ce qu'il avait trouvé. Mais il s'avéra qu'ils étaient tous deux morts. Il pensa alors à ses cinq premiers disciples. Il les trouva et les enseigna, mais seul l'un d'eux comprit ce qu'il disait. Il s'agissait en fait du jeune brahmane qui avait insisté, à la naissance de

Siddhartha, pour qu'il devienne un bouddha. Ainsi, Kaundinya devint le premier disciple bouddhiste éclairé[13].

Après un certain temps, les cinq disciples parvinrent tous à l'état d'éveil, et formèrent le premier groupe de moines bouddhistes[14]. Ces cinq aidèrent à répandre les enseignements qu'ils avaient appris de Bouddha.

6

LA PARABOLE DU LOTUS

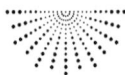

*Q*uand Bouddha commença à prêcher son message, il fut déçu et plutôt découragé de réaliser qu'il ne serait sans doute pas possible que son enseignement atteigne chaque individu. Il en vint donc à raconter une parabole qui partage l'humanité en quatre groupes. Il dit que les gens sont comme des lotus : certains sont au-dessus de l'eau, certains au même niveau que l'eau, d'autres juste au-dessous de l'eau, et d'autres encore sont complètement au fond de la rivière, dans la boue et la terre. Qu'est-ce que Bouddha était en train de dire ?

En fait, il était en train d'expliquer le degré d'ouverture d'esprit des gens. Certaines personnes sont comme le lotus qui est au-dessus de l'eau : ce sont des gens intelligents qui peuvent écouter, apprendre, et grandir. Certains sont comme le lotus qui est au niveau de l'eau : ces gens ont une certaine intelligence, s'ils écoutent et continuent d'appliquer ce qu'ils entendent, ils comprendront. D'autres sont comme un lotus au-dessous de l'eau, ils ont peu d'intelligence ; il leur faudra beaucoup de temps, d'effort, et de mise en pratique pour qu'ils apprennent quelque chose. Enfin, d'autres sont comme un lotus dans la boue : ils sont idiots – ignorants et non-désireux d'apprendre. Peu importe combien ils entendent, ils ne comprendront pas. Il n'y a aucune chance pour qu'ils sortent de l'eau. Voilà comment Bouddha voyait le monde.

Cette parabole est assez semblable à la « parabole du semeur » que Jésus enseigna. N'est-ce pas vrai que Jésus partagea lui aussi ceux qui l'écoutaient en quatre groupes ? Il dit que les paroles que Dieu prononce sont comme des semences, et que le cœur de ceux qui les écoutent peut être quatre sortes de terre. Quand la vérité de Dieu est semée dans la terre du cœur humain, la condition de ce cœur est révélée. Jésus dit que seule une terre parmi les quatre sera une bonne terre pour la Parole de Dieu ; c'est lorsque quelqu'un entend la vérité, et qu'il permet à la vérité de changer son cœur et sa mentalité, alors sa vie commence à porter du fruit comme Dieu l'avait prévu. Les trois autres répondront différemment : certains seront amorphes et indifférents ; certains seront enthousiastes pendant quelques temps pour ensuite laisser tomber sous la pression extérieure ; d'autres suivront sur quelques pas, puis se laisseront distraire par des ambitions mondaines. Les quatre types de personnes qui écoutent reçoivent une semence parfaitement bonne, mais trois d'entre eux n'agiront pas en conséquence et ne produiront rien.

Ceci fut clairement démontré quand le Christ ressuscité dit à 500 de ses disciples[1], face à face : « Attendez jusqu'à ce que vous soyez revêtus du Saint-Esprit ». Pourtant, dix jours après, combien d'entre eux avaient été obéissants ? Seulement cent vingt[2] ! C'était un quart des gens que Jésus avait invités. Apparemment, trois quarts des disciples de Jésus avaient autre chose à faire que de recevoir le Saint-Esprit, parler en langues et être sujets de moquerie pour Jésus au jour de la Pentecôte !

LE CŒUR DE BOUDDHA POUR LA VÉRITÉ

Quand on compare les paroles de Bouddha à celles de Jésus, on remarque que Bouddha avait vraiment compris des choses plutôt extraordinaires. Bouddha a identifié quatre types d'étudiants dans la parabole du lotus. Christ partagea ses auditeurs en quatre groupes dans la parabole du semeur (Matthieu 13, Marc 4, Luc 8). C'est seulement 2000 ans plus tard que l'idée des quatre principaux types de personnalité devint un courant dominant ! Des auteurs chrétiens comme Florence Littauer et Tim LaHaye ont écrit plusieurs livres sur l'importance de reconnaître les quatre personnalités. Le conseiller chrétien Gary Smalley définit les quatre personnalités ainsi : le lion, la loutre, le castor, et le retriever (chien de chasse). Les conseillers en leadership et management laïcs définissent les quatre personnalités ainsi : le dominant, l'influent, le stable et le conciliant (selon le modèle DISC). Ce principe est maintenant utilisé par les conseillers conjugaux pour la préparation au mariage et dans le mariage, et par les agences de recrutement pour discerner comment un employé pourrait répondre aux défis, influencer les autres, répondre aux règles et aux procédures, et s'adapter au changement.

Ce à quoi Bouddha faisait allusion dans une parabole, Dieu l'a amplifié au maximum dans le Nouveau Testament. L'Évangile est le seul récit majeur de Dieu qui a été écrit selon quatre perspectives différentes (Matthieu, Marc, Luc, et Jean) – c'est la Bonne Nouvelle écrite pour les quatre personnalités, toutes les terres, tous les lotus ![3]

Les chrétiens ont besoin de comprendre que, bien que Bouddha ne fût pas la Vérité, il était, en fait, un homme sage. Il a cherché la Vérité, et Dieu a promis : « Si vous me cherchez, vous me trouverez. »[4]

Bouddha est-il au ciel aujourd'hui ? Bouddha a-t-il trouvé Christ ? Je ne veux pas que nous en venions à tirer des conclusions précipitées. Nous amènerons plus d'éléments plus tard. Pour l'instant, restons ouverts à ce sujet. La Bible dit que Dieu est plein de grâce, et que si vous le cherchez, il y a de grandes chances pour que vous le trouviez.

LES OPINIONS RELIGIEUSES DE BOUDDHA

Les chrétiens devraient réaliser que Bouddha n'était pas contre la poursuite de la Vérité, même si cela devait signifier changer de religion. Bouddha n'a jamais dit qu'on ne pouvait pas changer de religion. En fait, il a lui-même abandonné sa première religion qu'était l'hindouisme, pour une nouvelle religion qui fut ensuite reconnue comme le bouddhisme. Je ne pense donc pas que Bouddha aurait interdit à un bouddhiste d'explorer d'autres vérités que présenterait quelque autre religion. Il ne l'aurait pas fait, et s'il était encore en vie aujourd'hui, je pense qu'il aurait probablement été très heureux d'aller à l'église et d'écouter la sagesse contenue dans la Bible. Il n'avait tout simplement pas accès à ce très ancien témoignage de vérité. Mais Bouddha était un homme très sage, et très disposé à apprendre.

La vérité de la parabole du lotus de Bouddha s'est confirmée. Selon l'histoire du bouddhisme, dans le monde entier, le nombre de gens qui furent disciples de Bouddha jusqu'au bout, et qui parvinrent à en savoir autant que lui, était seulement de 60 personnes. La tradition veut que ces 60 disciples allèrent prêcher dans 60 directions qui ne se recoupaient pas. Le bouddhisme atteignit finalement le nord jusqu'au Tibet, la Chine, la Mongolie, la Corée du Sud et le Japon, et le sud jusqu'au Sri Lanka. Depuis le Sri Lanka, le bouddhisme parvint en Birmanie, au Cambodge, en Thaïlande et au Laos.

Le bouddhisme n'a jamais eu de succès dans les pays au-delà de l'ouest de l'Inde, mais réussit à s'introduire en Afghanistan. Aujourd'hui, on ne pense pas forcément à l'Afghanistan comme un pays bouddhiste (il est actuellement musulman), mais jusqu'en 2002, il y avait encore d'immenses statues de Bouddha qui témoignaient des efforts missionnaires des premiers disciples bouddhistes. Les musulmans ont fait exploser les dernières qui restaient en Afghanistan, et ils n'y en a plus aujourd'hui.

La carrière d'enseignant de Bouddha dura quarante-cinq ans, et il eut près de deux mille disciples[5]. Ces gens ne parvinrent pas à l'éveil, ils ne devinrent pas eux-mêmes des bouddhas, mais ils étaient comptés parmi ses convertis. Son disciple favori s'appelait Ananda.[6]

Lors d'un voyage jusqu'à la ville de Parva, Bouddha accepta de la nourriture que lui donna un forgeron nommé Chunda et fut intoxiqué. Il fut malade pendant trois mois. Très souffrant, il mourut à l'âge de quatre-vingts ans[7]. Il vécut de 563 à 483 avant Jésus-Christ[8].

LES ENSEIGNEMENTS DE BOUDDHA

*N*ous avons parlé brièvement de la vie de Bouddha et de l'histoire du bouddhisme. À présent, nous allons nous intéresser à ce que Bouddha enseignait.

Bouddha n'a jamais rien enseigné contre une autre religion, ni contre le christianisme en particulier. Bouddha était simplement en recherche d'un moyen de sortir du cycle de la vie. Bouddha voyait la vie comme constamment liée à la souffrance, et pour lui c'était une condition imparfaite de laquelle l'homme devait s'échapper. Ce n'était pas une condition idéale de l'être humain, mais une condition déchue.

Les chrétiens ont peut-être besoin d'y réfléchir. Ceci ne ressemble-t-il pas à ce que Jésus a enseigné ? La Bible aussi dit que l'homme souffre aujourd'hui, mais que ce n'est pas ce que Dieu désirait pour vous et moi. On peut faire tellement de rapprochements entre le christianisme et le bouddhisme ! Pourtant, nous n'en parlons pas les uns aux autres ; et si nous n'en parlons pas ouvertement, nous restons dans l'ignorance. De l'ignorance viennent les préjugés. Les efforts pour engager la conversation sur des choses spirituelles ne semblent pas aller plus loin que : « Salut, je suis chrétien. » « Eh bien moi, je suis bouddhiste. » Terminé. La discussion s'arrête, ou on change de sujet.

Mais lorsqu'on creuse davantage, on s'aperçoit que l'on a beaucoup en commun et qu'il y a énormément de choses dont on peut parler. Je me souviens avoir rencontré un jeune étudiant bouddhiste qui était en vacances en Australie. Quand il a su que j'étais chrétien, il dit : « Je suis bouddhiste », et ne s'attendait pas à ce que je pousse la conversation plus loin. Mais j'aime entendre quelqu'un dire : « Je suis bouddhiste », parce que j'aime leur poser des questions sur leur foi, savoir quelles sont leurs pratiques, où ils en sont dans leur parcours, et s'ils parviennent ou non à échapper à la souffrance. Beaucoup de bouddhistes sont intéressés d'entendre mon histoire, parce que je leur dis que j'ai trouvé le moyen d'échapper à la souffrance.

Je ne considère ni les bouddhistes comme des étrangers, ni les chrétiens. J'ai grandi au milieu de plusieurs religions différentes. Je croyais au bouddhisme, au catholicisme, aux sciences de l'évolution et à diverses philosophies. Je mélangeais tout cela et en faisait une religion qui me convenait. Mon attitude était la suivante : « Si je veux aller à l'église, j'y vais. Si je veux aller à la mosquée, j'y vais. Si je veux aller au temple, j'y vais. Je décide de ce qui est vrai ou non. » J'avais l'habitude de porter une croix de Jérusalem en argent et un joli Bouddha blanc sur la même chaîne. J'étais très fier d'avoir les deux sur moi.

Finalement, je réalisai que ni la croix ni le Bouddha autour de mon cou n'avaient de pouvoir pour m'aider. Ce dont j'avais réellement besoin, c'était ce que Bouddha recherchait, et ce que Jésus avait à offrir : un moyen d'échapper aux malédictions (Galates 3:13). Si un bouddhiste était vraiment comme Bouddha, il essaierait de trouver un moyen d'échapper aux malédictions qui résultent de notre karma accumulé. Bouddha a indiqué le chemin. Jésus a dit : « Je suis le chemin » (Jean 14:6).

Il est important d'assurer à un bouddhiste que le fait d'avoir une relation avec Christ ne changera pas notre nationalité ni notre culture. Nous poursuivons une voie que Bouddha nous dit de rechercher, qui est de trouver le chemin, la vérité et la vie. Il a rendu un grand service aux chrétiens en aidant les bouddhistes à comprendre que nous sommes tous moralement déchus. Comment Bouddha l'a-t-il enseigné ?

8

LES QUATRE NOBLES VÉRITÉS

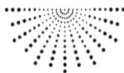

*B*ouddha enseigna quatre grandes vérités[1]. Regardez de plus près ces grandes vérités, et voyez si elles vous rappellent le christianisme. En général, les bouddhistes mémorisent ces quatre vérités dans une langue étrangère, et on leur apprend ensuite la traduction, comme ce sera tout de suite le cas pour vous.

Première vérité : « tuk » ou « tukka »[2]. Fondamentalement, « tuk » signifie souffrance. La première chose que Bouddha enseigna, c'est qu'il y a de la souffrance dans la vie. Il vit la tristesse, la peur, l'inquiétude, les déceptions, la solitude, des gens souffrant de la disparition de leurs bien-aimés ou de choses perdues. Tout cela n'est que souffrance, et tout le monde est dans le même bateau. C'est ce que Bouddha enseignait, que personne n'est une exception.

Deuxième vérité : « samuthai » ou « samudaya », qui est à l'origine de la souffrance. Bouddha découvrit la cause de la souffrance. C'est le péché[3]. Je crois que la Bible est complètement d'accord avec cela. Adam et Ève, le premier homme et la première femme que Dieu a créés, vivaient une vie parfaite et ne connaissaient aucune souffrance. Dieu ne les avait pas placés sur terre pour qu'ils souffrent. Cependant, ils avaient leur libre arbitre, et pouvaient choisir d'aimer Dieu ou de le rejeter. S'ils aimaient Dieu, ils grandiraient dans une relation éternelle avec leur créateur. S'ils rejetaient Dieu, ils mourraient ou seraient séparés de l'auteur même de la vie. Quand Adam et Ève utilisèrent leur libre arbitre pour faire confiance au diable et se rebeller contre Dieu, le péché entra dans le monde et dans leur vie. La maladie, la pauvreté et la mort ont résulté du péché[4]. Chaque enfant descendant d'Adam et Ève naquit avec cette nature pécheresse et souffrit des conséquences du péché. Le péché est la cause de la souffrance. C'est ce que le livre de la Genèse enseigne.

Beaucoup d'Occidentaux ont appris qu'il y a un bon karma, un mauvais karma, et un karma neutre. Ce n'est pas ce que comprend normalement le bouddhiste moyen. Karma est presque toujours un synonyme de péché. C'est aussi simple que cela. Nous nous sommes référés au dictionnaire thaï[5], et pour le mot karma ou « gum », nous avons trouvé trois définitions : (1) gum est « un acte qui envoie le mal dans le présent et qui le perpétue dans le futur » ; (2) gum est le péché[6]; (3) gum « peut aussi signifier mort ».

C'est cette dernière définition que je préfère : péché est un autre mot pour mort ! Cela correspond tout à fait à l'enseignement chrétien. La Bible ne nous enseigne-t-elle pas dans Romains, au verset 23 du chapitre 6, que « le salaire du péché, c'est la mort » ? Le résultat du péché, c'est la mort. Le prix du péché, c'est la mort. Quand vous et moi péchons contre Dieu, nous méritons de mourir. Bouddha serait-il d'accord ? Eh bien, la troisième définition de « gum », c'est la mort !

En thaï, nous avons l'expression « terng gair gum », qui signifie « tu as atteint ton karma ». En d'autres termes, « c'est l'heure de mourir ». Si jamais il vous arrive de recevoir une invitation à des funérailles thaïes, il ne sera pas écrit : « un tel est décédé », mais : « un tel « dai terng gai gum ». » Littéralement : « il a atteint son « gum » », qui revient à dire qu'il est mort. Le karma a pour résultat la mort. Le concept bouddhiste de karma est donc très étroitement lié au concept chrétien de péché.

Il y a une quatrième définition de karma dans le dictionnaire thaï : « N'importe quel acte, œuvre, ou fait. » Théoriquement, ceci pourrait désigner autant des choses bonnes que mauvaises, ou neutres. Les Occidentaux veulent vraiment ne garder que cette dernière définition, tout en ignorant les trois premières. Ils aimeraient pouvoir dire : « Je me concentre sur le fait de créer du bon karma au lieu de souffrir à cause de mon mauvais karma. Je veux rester focalisé sur mes actions, œuvres ou faits, plutôt que sur mes péchés. » Ce n'est pas ce que Bouddha enseigne. Le péché (gum) s'accumule avec les actes qu'engendre notre nature humaine. Puisque nous sommes tous pécheurs par nature ou à la naissance[7], nos actes nous font accumuler beaucoup de péchés. Vraiment, le fait que vous préféreriez la quatrième définition ne changera rien à cela.

BOUDDHA CROYAIT-IL EN UNE BONTÉ FONDAMENTALE DE L'HOMME ?

Bouddha enseignait que la nature humaine est une nature pécheresse. Notre « nature pécheresse » se dit « gilead tanha » en thaï. « Gilead » signifie quoi que ce soit qui rend notre cœur triste ou sale. La plupart des bouddhistes thaïs connaissent bien la description que Bouddha fait des différents « gileads ». Il y a trois « gileads » courants : « lope », « groed », et « loeng ». « Lope » signifie l'envie, « groed » signifie la colère, et « loeng » signifie l'illusion, la tromperie, l'errance, ou le fait de refuser d'apprendre.

Bouddha enseignait que ces « gileads » faisaient partie de la nature immorale de l'homme. Les gens sont naturellement envieux, colériques, et non-désireux d'apprendre. La Bible dit cela également.

ROMAINS 7:14-17

14 Nous savons, en effet, que la loi est spirituelle ; mais moi, je suis charnel, vendu au péché.

15 Car je ne sais pas ce que je fais : je ne fais point ce que je veux, et je fais ce que je hais.

16 Or, si je fais ce que je ne veux pas, je reconnais par là que la loi est bonne.

17 Et maintenant ce n'est plus moi qui le fais, mais c'est le péché qui habite en moi.

La nature de l'homme est non seulement remplie de « gileads », mais aussi de « tanha ». « Tanha » signifie convoitise. Quand les bouddhistes entendent le mot « tanha », en général, ils pensent immédiatement au désir sexuel ou péchés sexuels. Bouddha enseigna donc que l'homme a ce problème intérieur qui ne peut être résolu par une solution venant de l'extérieur : le « gilead tanha ».

Parce que le « gilead tanha » fait partie de la nature humaine, les gens continuent de pécher et d'accumuler du karma. Comparez cela aux paroles de Paul :

ROMAINS 7:18-23

18 CE QUI EST BON, je le sais, n'habite PAS en moi, c'est-à-dire DANS MA CHAIR : j'ai la volonté, mais non le pouvoir de faire le bien.

19 Car je ne fais pas le bien que je veux, et je fais le mal que je ne veux pas.

20 Et si je fais ce que je ne veux pas, ce n'est plus moi qui le fais, c'est le PÉCHÉ qui HABITE EN MOI.

21 Je trouve donc en moi cette loi : quand je veux faire le bien, LE MAL EST ATTACHÉ À MOI.

22 Car je prends plaisir à la loi de Dieu, selon l'homme intérieur ;

23 mais je vois dans mes membres une autre loi, qui lutte contre la loi de mon entendement, et qui me rend captif de la loi du PÉCHÉ, qui est DANS MES MEMBRES.

Jusqu'à présent, l'enseignement de Bouddha ressemble beaucoup à ce que Paul dit pour préparer les gens à recevoir l'Évangile, n'est-ce pas ? Tous deux établissent clairement le fondement du problème de l'humanité, avant d'amener la solution.

Je pense que le bouddhisme est vraiment un allié du christianisme, parce qu'il prépare le terrain dans le cœur du pécheur. Si quelqu'un est un vrai bouddhiste, il réalisera : « J'ai un problème auquel je ne peux échapper. J'ai besoin de trouver de l'aide. » Et c'est exactement ce que Jésus offre de faire. Il est notre aide, parce qu'il est la seule personne née sans « gilead tanha ». Il est donc capable de secourir ceux qui ont ce « gilead tanha », et ceux sur qui pèse le poids du karma.

ROMAINS 7:24-25

24 Misérable que je suis ! Qui me délivrera de ce corps de mort ?

25 Grâces soient rendues à Dieu par Jésus-Christ notre Seigneur! Ainsi donc, moi-même, je suis par l'entendement esclave de la loi de Dieu, et je suis par la chair esclave de la loi du péché.

Jésus peut nous délivrer du cycle de la souffrance. Il a dit lui-même qu'il pourrait le faire.

MATTHIEU 11:28

Venez à moi, vous tous qui êtes fatigués et chargés, et je vous donnerai du repos.

Le poids que le cœur de chaque être humain ressent est celui du péché, qui a pour conséquence la culpabilité, la crainte, et la honte. Si nous essayons de nous débarrasser nous-mêmes du poids que nous avons dans notre cœur en suivant à la lettre des lois religieuses, c'est une tâche ardue ! Jésus peut nous élever, nous délivrer de cette tâche ardue, et ôter cette lourde charge parce que bien qu'il fût tenté, il n'a jamais succombé au péché (Hébreux 4:15-16).

Récapitulons les nobles vérités que nous avons vues jusque là.

La première vérité était « tuk », ou la souffrance.

La deuxième vérité était « samuthai », l'origine ou la cause de la souffrance, que nous savons être le « karma », ou le péché.

Troisième vérité : « nirod » ou « nirodha », qui stipule qu'il devrait être possible d'atteindre la fin de la souffrance. Bouddha nous invite à nous poser cette question : « Comment éliminer le « tuk » ? » Bouddha a fondamentalement enseigné que le but de la vie est d'échapper à la *loi du karma*[8]. Nous pouvons accomplir de nombreuses choses dans la vie, mais si nous manquons ce but de notre vivant, nous aurons manqué le but premier de la vie : être libéré de la loi du karma et de la souffrance continuelle que le karma amène. C'était la troisième vérité.

Quatrième vérité : « mak » ou « moksa »[9], qui signifie le moyen d'échapper. Bouddha dit qu'il doit y avoir un chemin de sortie, une façon d'échapper au « karma » et au « tuk ». En fait, la façon d'enseigner qu'avait Bouddha était très proche de la façon d'enseigner qu'avait Moïse. Cela ne devrait pas sembler si nouveau à nos oreilles. Bouddha enseigna d'abord aux bouddhistes d'essayer de discipliner la chair.

La quatrième noble vérité conduisit Bouddha à inventer plusieurs règles pour essayer d'éradiquer les péchés que commettent les hommes dans leur chair. Dans toutes les règles, il ne s'agit que de la chair. Dans le bouddhisme, la pratique consiste en fait à contrôler la chair. Et on peut établir un parallèle avec ce que Moïse a enseigné. Moïse a effectivement dit aux Juifs : « Allez-y et essayez de contrôler votre chair en vous référant à ces 613 commandements que Dieu m'a donnés. » Les Juifs honnêtes réalisèrent après un certain temps : « Il n'y a aucun moyen pour moi d'y arriver. Chaque jour, je brise un de ces commandement, ou plus. Je ne serai jamais libre du péché ! » C'est parce que de nombreux Juifs en venaient à cette conclusion il y a 2000 ans, que ce fut pour eux le moment parfait pour rencontrer leur Messie, ou « Moksa ». Jésus n'a-t-il pas dit dans Jean, au verset 6 du chapitre 14 : *« Je suis le chemin, la vérité, et la vie. Nul ne vient au Père que par moi. »* ?

Aujourd'hui, les bouddhistes du Theravada sont presque dans la même situation que celle dans laquelle les Juifs se trouvaient 2000 ans en arrière. Il y a une région densément peuplée appelée l'Asie du Sud-Est, remplie de gens qui en viennent vite à réaliser : « Je ne peux me libérer de la convoitise sexuelle, je ne peux me débarrasser de la colère, je ne peux m'empêcher de mentir dans les affaires, je ne peux me défaire d'aucun de ces péchés. Selon Bouddha, je vais souffrir, je vais payer pour tout cela ; j'ai de gros ennuis ! » C'est ce sentiment-là qu'éprouvaient beaucoup de Juifs quand Jésus vint en Israël il y a 2000 ans.

Quand les chrétiens se rendent en Asie du Sud-Est et parlent de Jésus-Christ, ils n'annoncent pas quelque chose de si étranger à ceux qui comprennent réellement le bouddhisme. Nous leur partageons cette chose même que chaque bouddhiste recherche. Les bouddhistes qui suivent vraiment Bouddha recherchent un moyen d'échapper à la « roue de la souffrance ». Et c'est pour cela que tant de bouddhistes acceptent le message et croient en Jésus-Christ. Nous sommes bien plus capables de suivre les préceptes de Bouddha lorsque nous avons Christ dans notre cœur. Quand nous naissons de nouveau en tant que chrétiens, nous ne sommes plus en train d'essayer de discipliner notre chair, mais nous recevons une nouvelle nature, et nos cœurs sont pleins de désirs nouveaux. Le Saint-Esprit qui vient habiter en nous nous aidera, et nous n'aurons pas à essayer de devenir meilleurs par notre propre force. Cela nous est tout simplement impossible.

C'est quand nous réalisons humblement que nous avons besoin d'aide, que nous sommes en mesure de demander à Jésus de venir dans notre cœur, et Dieu nous aidera ensuite à changer de l'intérieur vers l'extérieur. Il brisera notre mauvais comportement, apportera une solution à nos problèmes, et changera ce que nous n'aimons pas dans notre personnalité. Si nous faisons quelque chose d'une mauvaise façon, il nous corrigera avec amour et prendra soin de nous, comme un bon Père le ferait.

UNE OBJECTION À L'AIDE DU PÈRE

Au début, lorsqu'ils entendent parler de la grâce de Dieu pour la première fois, certains bouddhistes insisteront sur le fait que dépendre de l'aide de quelqu'un d'autre est un signe de faiblesse. Il se peut qu'ils résistent au don de Dieu, parce qu'ils n'ont pas entièrement compris leur propre « gilead tanha », ou ce qu'implique la quatrième noble vérité de Bouddha, ou « mak ». Ils peuvent penser qu'ils devraient essayer de se débrouiller par eux-mêmes.

Les chrétiens ne devraient pas être gênés par cette réponse. Cela ne fait vraiment aucune différence par rapport à un Occidental qui refuse la grâce de Dieu, en disant : « Aide-toi, et le ciel t'aidera », si ce n'est qu'un bouddhiste sera peut-être plus prompt à changer, car vous pouvez toujours les ramener à la quatrième noble vérité de Bouddha !

OBÉIR À LA QUATRIÈME NOBLE VÉRITÉ

Si vous désirez vraiment échapper à la malédiction du péché, selon Bouddha, vous devez suivre **311** règles si vous êtes une femme (une nonne), et **227** règles si vous êtes un homme (un moine). Bouddha était un peu plus dur envers les femmes, et plus tolérant envers les hommes, mais c'est ainsi que les règles bouddhistes ont été établies. J'aimerais demander aux bouddhistes qui pensent pouvoir se débrouiller seuls d'être honnêtes : « Pouvez-vous vraiment respecter ces 227 règles ? »

Je ne peux pas citer toutes les 227 règles ici, mais regardons certaines de ces règles qui, d'après Bouddha, pourraient vous faire parvenir au statut de bouddha si vous les suiviez chaque jour de votre vie. Autrement dit, c'est seulement en étant parfaitement obéissant que vous pourriez échapper au « karma », et atteindre le

« nirvana »[10]. Voici des exemples de règles que vous devriez suivre chaque jour de votre vie pour être quelqu'un de bon :

L'une des règles qui ne doit pas être brisée est la suivante : « Ne pas mentir. » Vous est-il déjà arrivé de mentir au cours de votre vie ? Que ce soit des mensonges blancs, gris, ou noirs, ce sont tous des mensonges. Ne pas tenir parole, mentir pour dissimuler notre propre honte, mentir à nos parents, à notre conjoint, et même mentir pour que d'autres se sentent bien, dans tous les cas, il s'agit de mensonges. Tout le monde a menti à un moment donné de sa vie. Par cette seule règle, vous et moi sommes déjà disqualifiés. Nous ne pouvons plus être un bouddha. Mais continuons !

« Ne pas dire d'insultes. » Avez-vous déjà insulté quelqu'un ? Moi, oui ! Je ne voulais pas le faire, mais quand cela m'arrivait, j'avais besoin que le sang que Jésus versa sur la croix paye pour mon karma.

« Ne pas chatouiller. » C'est l'une des règles qu'un moine bouddhiste doit suivre !

« Ne pas poser les mains sur les hanches. » Les Occidentaux ont du mal à comprendre cela, puisque c'est pour eux une position détendue, ou qui montre qu'on est sûr de soi, mais la plupart des Asiatiques trouvent cela impoli. On ne met pas les mains sur les hanches en Asie !

« Ne pas jouer dans l'eau. » Terminés, les jeux sur la plage, le surf, la natation, la plongée sous-marine, etc.

« Ne pas se laver plus de deux fois par mois, à moins que ce soit pendant le dernier mois de la saison chaude. »

« Ne pas manger après midi. »

« Ne pas voyager avec une femme. »

« Ne pas ramasser et ranger un objet précieux en dehors d'un monastère ou de l'endroit où l'on demeure, où vous pourrez le ramasser seulement pour le rendre à quelqu'un. »

« Ne pas remplir sa bouche de nourriture, de sorte à gonfler les joues. » Vous êtes-vous déjà rendu coupable de cela ?

« Ne pas parler la bouche pleine. »

« Ne pas faire de bruit en absorbant un liquide. » Je viens juste de le faire avant d'écrire cette règle. J'essaye vraiment d'être poli quand je bois ma soupe, mais il arrive que je fasse du bruit !

« Ne pas se lécher les mains, ni lécher les bols, ni se lécher les lèvres. »

« Ne pas uriner debout. » À tous les hommes qui lisent ceci, excusez-moi, mais vous avez tous brisé cette règle !

« Ne pas uriner sur les plantes vertes. »

« Ne pas uriner ni cracher dans l'eau propre. »

La liste s'allonge encore et encore. Un vrai moine bouddhiste ne va pas même chasser un moustique, mais il le laissera se poser sur lui, et le piquer. Si vous n'avez pas suivi ces règles toute votre vie, vous connaîtrez beaucoup de « tuk » (souffrance), selon l'enseignement moral de Bouddha.

Si vous parvenez à observer scrupuleusement tout ce qui est présenté ci-dessus (plus de nombreuses autres règles !) chaque jour de votre vie, vous pouvez espérer aller au ciel. Mais si vous n'y arrivez pas, vous n'avez absolument aucun espoir. C'est une cause désespérée, selon Bouddha !

LE SYSTÈME MOSAÏQUE

Les enseignements de Bouddha appellent les Asiatiques à l'excellence, de la même façon que les commandements que Dieu donna aux Juifs. Si vous ne pouvez pas observer la totalité des 613 commandements de Dieu, vous êtes un pécheur. Et si vous êtes pécheur, vous avez besoin qu'un sacrifice soit offert pour vos péchés. C'est pourquoi il est beaucoup question du système sacrificiel dans la Loi de Moïse.

LÉVITIQUE 17:11

Car la VIE de la chair est DANS LE SANG. Je vous L'ai donné sur l'autel [le sang], afin qu'il serve d'EXPIATION POUR VOS ÂMES, car c'est par la VIE que le SANG fait l'EXPIATION HÉBREUX 9:22

Et presque tout, d'après la loi, est purifié avec du sang, et SANS EFFUSION DE SANG il n'y a PAS DE PARDON.

Ce système terrestre révélé à Moïse était l'ombre du Sauveur à venir. Les Juifs devaient comprendre quels seraient le caractère et la mission du Sauveur, en voyant, année après année, l'offrande d'un agneau parfait, le sang versé, le sacrifice consumé – tous symbolisant Jésus, l'homme sans péché, versant son sang sur la croix, et qui descendit en enfer pendant trois jours. Nos péchés furent portés par le seul qui n'a jamais commis de péché. Jésus l'a fait volontairement pour nous. Il nous aime à ce point-là.

Le système sacrificiel de l'Ancien Testament démontre que **l'homme ne peut pas se sauver lui-même.** C'est seulement en se repentant et en croyant en Jésus, que nous pouvons devenir justes. Devenir juste d'une autre manière correspond à ce que la Bible appelle « la propre justice ». Les personnes qui se justifient elles-mêmes ne tiennent pas compte de la justice de Dieu, contournent les règles à leur convenance, et se trouvent des excuses quand ils échouent. Cette tentative vaine d'être juste à ses propres yeux est tout à l'opposé d'un esprit humble et bien disposé que Dieu aime, et est, en fait, un péché dont Dieu a horreur. Les lois de Moïse et les préceptes de Bouddha ont été donnés pour nous amener à genoux, et nous faire réaliser humblement que nous avons désespérément besoin d'aide.

OÙ VOUS SITUEZ-VOUS SUR L'ÉCHELLE DU « BIEN » ?

Chacun d'entre nous qui a été tenté a, à un moment donné, échoué, et cédé à la tentation. Notre « gilead tanha », ou nature pécheresse, nous pousse à commettre le mal, particulièrement quand nous pensons le faire en cachette, ou que nous pouvons nous en sortir impunément.

Jésus est unique dans le fait qu'il est né sans « gilead tanha ». Il est né d'une vierge. Étant descendant de Dieu le Père, et non de notre père Adam, Jésus n'a rien hérité du « gilead tanha » d'Adam. Jésus choisit de mener une vie pure, et de ne jamais accumuler aucun « karma ». Ainsi, Jésus est capable d'aider ceux d'entre nous qui ont été tentés, et qui sont fautifs.

HÉBREUX 2:18

Car, du fait qu'il a souffert lui-même et qu'il a été tenté, il peut secourir ceux qui sont tentés.

Jésus dit qu'il est capable de sauver le monde !

JEAN 12:47

... je suis venu non pour juger le monde, mais pour sauver le monde.

C'est à vous et moi de décider de ce que nous choisissons de faire de cette déclaration. Puisque Jésus m'a enseigné de ne pas mentir, mais de dire la vérité, je peux me demander : « Pourquoi Jésus mentirait-il, s'il n'était pas capable de me sauver ? En me disant qu'il peut pardonner les péchés et garantir la vie éternelle, il n'avait rien à gagner, et sa vie à perdre ! Se pourrait-il qu'il ait dit qu'il pouvait sauver le monde entier, non pour gagner quelque chose, mais parce que c'est *vrai* ? » Ce sont des affirmations extraordinaires. L'assurance que j'ai, pour croire en la capacité de Christ à me sauver, repose sur le fait qu'il n'a jamais menti. Jésus a toujours dit la vérité.

9

VICTIME DE LA POLIO

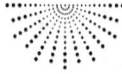

DEVENIR UN BOUDDHA

*D*ans le bouddhisme, si vous voulez échapper au cycle de la souffrance et aller au ciel, la qualification requise est de devenir un bouddha[1]. Un bouddha est une personne qui a été purifiée de son karma, sortant ainsi de la roue de la vie terrestre. Si vous n'êtes pas un bouddha, vous restez coincé dans le cycle de la souffrance avec le reste de l'humanité.

Comment donc devient-on un bouddha ? La première étape, c'est « buad », ou devenir un moine.

POURQUOI CERTAINS DEVIENNENT-ILS DES MOINES?

Un de mes amis bouddhistes avait l'habitude de sortir pour boire et faire la fête, jusqu'à ce qu'il atteigne ses trente ans ; il commença alors à réaliser : « J'ai vraiment fait beaucoup de mauvaises choses, et j'ai beaucoup de « wain gum » (karma). Je ferais mieux de faire quelque chose à ce sujet ! » Sa mère lui demanda de devenir un moine. À peu près au

même moment, un de ses amis thaïs revint de Dubaï, et l'invita à être « un moine pour sa mère »[2].

Les Occidentaux peuvent peut-être penser que les bouddhistes deviennent des moines à vie, comme le font les prêtres et pasteurs, qui servent généralement dans leur ministère durant toute leur vie. Mais certains bouddhistes croient que « buad », ou devenir un moine, est une façon d'accumuler des mérites, ou « tam boon ». De nombreux hommes thaïs deviennent des moines pour une période de trois mois, à l'âge de vingt-et-un ans. Ils le font très souvent « pour leur mère », pour accumuler du mérite pour son salut. On dit qu'elle « tiendra le bord de la tunique orange pour s'élever vers les cieux. »[3]

Quand votre père ou votre mère meurt, vous pouvez devenir moine pour trois ou quatre jours. À des funérailles, quelqu'un de la famille doit normalement devenir un moine pendant quelques jours pour envoyer du « boon », ou mérite, à la personne décédée. Cela doit permettre au défunt d'être accepté au ciel grâce au mérite supplémentaire gagné, mais c'est sans garantie ! Il s'agit là d'une foi aveugle.

Une mauvaise conscience va également amener certains hommes à devenir temporairement des moines. Dès qu'un bouddhiste commet un péché, il peut essayer d'apaiser sa conscience en devenant moine. Si, en tant que moine, il commet toujours des fautes (comme regarder une femme, penser à une femme, écouter de la musique par erreur, ou se rendre dans un grand magasin), il peut « plong abad ». Une fois par semaine, il doit s'asseoir et méditer[4], penser à ce qui l'a amené là, à ses fautes, et ensuite, confesser ses péchés aux moines plus anciens. C'est assez semblable aux confessions hebdomadaires que font les catholiques.

De plus, quand un bouddhiste se sent victime de « malchance »[5], il peut aussi souhaiter devenir un moine temporairement, pour acquérir de la bonne fortune.

Être un moine n'est pas la seule façon dont les bouddhistes essayent de gagner du mérite, ou « tam boon ». Vous pouvez « tam sangkatan », ou donner à un moine de la nourriture en boîte, du dentifrice, des brosses à dents, du savon, et le nécessaire pour le rasage. Vous pouvez « tawai pain », ou offrir un repas aux moines. Chacun de ces actes de « tam boon » ne fait qu'atténuer[6] le péché, mais ne l'ôte jamais. Il est important de constater deux choses : (1) une personne peut « tam boon » durant toute sa vie, sans avoir de garantie d'échapper à l'enfer, et (2) c'est généralement une mauvaise conscience qui pousse les gens au « tam boon ».

LES QUALIFICATIONS REQUISES POUR DEVENIR UN MOINE

Ainsi, à l'âge de trente-trois ans, mon ami accepta l'invitation de son ami à être « un moine pour sa mère ». Tous deux se rendirent auprès d'un moine de la région, pour discuter de la possibilité de devenir eux-mêmes des moines. Le moine le regarda, et dit : « Votre ami peut être moine, mais vous, non. » « Pourquoi pas ? » demanda-t-il, surpris d'être rejeté. Le moine lui dit qu'il avait un défaut physique. Il n'était pas « parfait en trente-deux parties. »[7]

Son corps n'était pas parfaitement formé, parce qu'il contracta la polio à l'âge de huit ans ; pas conséquent, sa jambe droite ne grandit pas autant que la gauche. Pour devenir un bouddha, vous devez avoir un corps complet, et le moine lui dit : « Vous êtes un être humain imparfait. » « Cette déclaration m'a vraiment blessé », me confia mon ami.

Le vrai bouddhisme est bien plus difficile que ce que les Occidentaux imaginent. Pour certains d'entre eux qui ne comprennent pas vraiment de quoi il s'agit, le bouddhisme peut sembler être une alternative plus facile que le christianisme. Lorsqu'ils disent : « Le bouddhisme m'intéresse davantage », c'est bien souvent pour eux une façon de rejeter le christianisme. Mais, en réalité, le bouddhisme n'est pas une voie sans exigences largement ouverte à tous. Il y a tout un ensemble de conditions et de règles strictes à respecter, tout comme dans l'Ancien Testament biblique. Une longue liste de comportements immoraux y sont condamnés. Le bouddhisme a beaucoup de choses en commun avec l'Ancien Testament, et l'on peut trouver de nombreuses ressemblances entre les deux. Nous devenons forts et libres seulement en venant à Christ, qui seul a observé tout ce que Dieu attendait des hommes sur le plan moral.

Les lois strictes du bouddhisme, tout comme celles de l'Ancien Testament, nous font prendre conscience de nos imperfections. « Je me sentais brisé à l'intérieur, continua mon ami, parce que dans le bouddhisme, nous croyons que si nous devenons un moine, nous pouvons aller au ciel. Mais si je ne peux pas être un moine, j'irai donc en enfer. Mon ami essaya de m'aider, et me dit de devenir un moine d'une autre religion. « Sois un brahmane », me dit-il. Mais je savais que le brahmanisme ne promettait à personne une entrée au ciel.[8]

Alors, je me dis : « Je n'irai pas au ciel à la fin de ma vie, je vais aller en enfer. Qu'arrivera-t-il donc à ma mère ? Elle peut toujours attendre que mon petit frère devienne un moine pour elle. Mais qu'adviendra-t-il de moi ? Je n'atteindrai pas le ciel. »

J'y pensais souvent : « Je n'irai pas au ciel. » Je m'en inquiétais, et cela me mettait même en colère : « C'est vraiment injuste ! Comment puis-je aller au ciel ? » Je me mis même à détester le bouddhisme. Cependant, je faisais comme tout autre bouddhiste, continuant de « tam boon ».

Mon ami fut moine pendant trois mois, après quoi il reprit le cours de sa vie sans avoir opéré aucun changement. Il sortait dans les clubs, fumait, buvait, prenait de l'ecstasy de Hollande, couchait à droite à gauche avec différentes femmes, et allait se faire faire des massages chez des prostituées. Rien n'avait changé, et il me sembla que rien ne pourrait changer ce qu'il était à l'intérieur. Il m'invita même à prendre de la drogue avec lui, comme auparavant.

Une nuit, je fis un rêve : je vis une église, avec une croix en haut du clocher. Cette église était la vieille école où j'étais allé. Je me tenais debout dans un champ, puis levai les yeux vers cette croix. Je me dis d'abord que j'étais simplement en train de penser à mon école chrétienne, ou à mon enfance. Je me réveillai, et en parlai immédiatement à ma petite amie : « J'ai rêvé de la croix en haut du clocher de mon ancienne école. Cette croix était vraiment tout en haut ! » Après cela, j'oubliai tout simplement cet incident.

Une semaine plus tard, je fis un autre rêve : je me tenais en face de mon école, puis je regardai à nouveau la croix. Je me suis réveillé, et dis à ma petite amie : « Tu ne vas pas le croire, j'ai encore fait ce rêve ! Il est sans doute temps que je retourne voir mon ancienne école. Elle doit sans doute me manquer. Je t'y emmènerai, mais c'est très loin d'ici, près de la frontière du Laos. » Ce fut la deuxième fois.

Une autre semaine s'écoula. Je fis à nouveau le même rêve : je vis la même croix, je me tenais au même endroit. Je commençai à me sentir mal à l'aise et ennuyé. « Que m'arrive-t-il, pensai-je, ai-je fait quelque chose de mal là-bas ? Pourquoi dois-je y retourner ? » »

À partir de là, Mali, la petite amie de mon ami, voulut ajouter son côté de l'histoire : « Cette semaine-là, après mon examen, je rencontrai une amie dans un bus de l'université ABAC[9]. Je me souvins qu'elle m'avait une fois dit : « Aujourd'hui, je vais à l'église, parce que c'est Noël ! » Elle ne m'avait jamais rien dit de plus, mais je m'imaginais qu'elle était chrétienne. Je lui ai donc raconté le rêve qu'avait fait mon petit ami. Je recherchais la signification de ce rêve. Je lui demandai : « Qu'est-ce que ça signifie ? » Je n'ai pas aimé la réponse qu'elle me donna : « Dieu t'appelle ! » »

« Mali était vraiment contre les chrétiens, me raconta mon ami, parce qu'elle pensait que pour aller à l'église, il fallait être une bonne personne. À moins d'être pur, on ne pouvait pas aller à l'église. De ce fait, je ne comprenais pas pourquoi Dieu nous appellerait. Nous vivions complètement dans le péché !

Cependant, nous décidâmes de nous-mêmes que nous irions à l'église. Nous étions vraiment en recherche à ce moment-là. Il devait y avoir une raison pour avoir rêvé trois fois le même rêve ! Nous sommes donc allés à l'église pour trouver une explication.

Cette même semaine, le film *La Passion du Christ* sortit au cinéma, et nous allâmes le voir. Nous voulions vraiment en savoir plus. Qui était cette personne qui se faisait battre ? Pourquoi était-il battu ? Nous n'avons presque rien compris au film, particulièrement lorsque la femme adultère fut attrapée. Nous n'avions rien compris, mais nous voulions comprendre. Nous avions vraiment envie de savoir.

Nous nous sommes donc donnés rendez-vous avec l'amie de Mali à neuf heures du matin, parce que la réunion d'église commençait à dix heures, le 8 août 2004. C'était une réunion spéciale pour la fête des mères. Notre amie enseignait les enfants à l'église, et devait s'y rendre plus tôt, pour préparer leur intervention ce matin-là. Nous nous sommes réveillés en retard, et avons pensé : « Il est trop tard. On peut aussi ne pas y aller. » Mais Mali était vraiment décidée à s'y rendre. Nous sommes donc partis, sans savoir exactement où l'église se situait. Nous savions juste qu'elle se trouvait près d'un certain magasin. Nous appelâmes notre amie pour lui demander des directions, et elle nous dit que c'était formidable que nous l'ayons appelée, parce qu'elle avait oublié son téléphone à la maison, et s'était sentie poussée à y retourner pour le chercher. Elle nous dit : « Je suis en train de faire demi-tour. Où êtes-vous ? » Nous étions en fait au même endroit qu'elle, et notre voiture se retrouva juste en face de sa voiture !

Nous sommes arrivés à l'église, et avons vraiment apprécié toutes les choses que les enfants faisaient pour leur mère. Je me sentais vraiment bien. C'était une sensation que je n'avais jamais connue auparavant. C'était ce que j'avais voulu faire pour ma propre mère ! La pasteur nous demanda de répéter une prière après elle, pour recevoir Jésus dans notre cœur. Elle nous donna une Bible toute neuve. Comme nous venions de voir *La Passion du Christ*, nous avions vraiment envie de lire la Bible. Nous avons fini le Nouveau Testament peu de temps après, et l'avons trouvé très plaisant à lire ! Dès lors, nous comprenions la vie de Jésus.

La deuxième fois que nous nous sommes rendus dans cette petite église, on nous a demandé de raconter comment nous étions arrivés jusqu'à elle. Je racontai mes rêves à la pasteur. J'avais rêvé de cette école. Elle était toute étonnée : « J'ai aussi fréquenté cette même école ! » Dieu me confirmait son message ! Nous nous sentions proches d'elle spirituellement.

Après quatre semaines où nous nous rendions dans cette église, je commençai à douter de la Bible. Je commençai à remettre les choses en question : « Qui donc sont ces gens : Jean-Baptiste, Paul, et Hérode ? S'agit-il de vraies personnes ? Ou essayent-ils de me piéger ? Je suis censé être bouddhiste ! » Plongé dans le doute, je m'endormis. Quand je me réveillai, j'allumai la télévision pour regarder les nouvelles, et on annonçait la découverte de la grotte de Jean-Baptiste. Ils disaient que c'était une preuve archéologique, qui confirmait ce que disait la Bible. Ils montraient l'endroit où Jean-Baptiste exerçait son ministère, et décrivaient même comment il baptisait les pécheurs. Je me dis tout à coup : « Il y a vraiment un Dieu ! »

Puis, je rêvai pour la dernière fois. Dieu me donna un dernier rêve. Je ne me tenais plus à l'extérieur de l'église. Cette fois, j'étais à l'intérieur. Je levai les yeux, et ne vis plus aucun mur qui me séparait de Dieu. Je vis les tableaux représentant des scènes de la Bible sur les murs. Je sentis une paix immense et un réconfort. Je sus que Dieu avait tout préparé pour moi. C'est ainsi que j'ai vécu ma vie chrétienne jusqu'à aujourd'hui. »

Victime de la polio, il pensait qu'il serait capable de se purifier de son karma, jusqu'à ce qu'il aille rendre visite à un moine, et se retrouve face à la réalité des 227 commandements de Bouddha. Qu'on lui ait dit qu'il ne pouvait pas répondre aux exigences physiques (un corps en 32 parties) et morales de Bouddha peut lui avoir semblé être un rejet cruel, mais, en réalité, cela lui sauva la vie ! Les exigences des lois morales brisèrent son orgueil. Il prit réellement conscience de la situation dans laquelle se trouvait, et cela le rendit plus humble et désireux d'entendre la solution que Dieu avait pour lui.

Dans le prochain chapitre, nous allons voir ce que Jésus aurait fait avec un tel homme.

10

COMMENT JÉSUS S'EST FAIT CONNAÎTRE

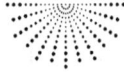

*J*ésus connaît le nombre de cheveux que nous avons sur notre tête. Il connaît chaque moineau qui vole dans le ciel. Je suppose que c'est sans doute difficile pour Jésus de contenir tout ce qu'il sait ! Il sait ce qui nous sauvera. Il sait comment régler chaque problème auquel nous faisons face dans la vie. Mais, comme un bon médecin, il ne nous proposera pas de remède avant de nous avoir donné un diagnostique juste concernant notre maladie.

L'art de diagnostiquer le problème chez le pécheur s'est perdu dans l'église moderne. Nous insistons plutôt sur la solution : « Fais juste confiance à Jésus ! » Cela gêne la plupart des gens qui l'entendent, parce qu'ils ne *ressentent* personnellement aucun besoin de faire confiance à Jésus. Ils ne sont pas conscients du mal contre lequel Jésus est le seul remède. Si nous continuons à appâter ceux qui sont en recherche, avec les promesses de l'Évangile : « Tu ne trouveras jamais le vrai bonheur et la paix, à moins que tu n'aies Jésus dans ta vie », la plupart d'entre eux vont simplement penser que ce n'est pas vrai. Beaucoup de pécheurs profitent de la vie que Dieu leur a donnée, sans reconnaître Dieu. Nous pouvons avancer que leur bonheur n'est que temporaire, tandis que le nôtre est éternel, mais alors nous ne sommes plus en train de prêcher l'Évangile que Jésus nous a donné.

Jésus n'a jamais dit : « Je suis plus heureux que toi. C'est la raison pour laquelle tu dois me croire ! » Même si le bonheur est l'un des fruits que l'on récolte en croyant en Christ, il n'a jamais été le point central de l'Évangile.

Qu'est-il donc ? Le mal contre lequel Jésus est venu apporter un remède est le péché. Le péché est une épidémie, qui a pour résultat la souffrance, la mort, et la séparation éternelle d'avec un Dieu aimant et saint. Les gens reconnaissent-ils qu'ils sont pécheurs ? En général, non. C'est pourquoi Dieu a écrit l'Ancien Testament, et envoyé le Saint-Esprit : tous deux peuvent identifier et évaluer le virus invisible. L'objectif de Dieu, au travers des lois de l'Ancien Testament, est de nous aider à réaliser à quel point nous sommes plongés dans le péché. La loi prépare le cœur du pécheur à l'Évangile. Sans la loi, il n'y aurait pas de conviction de péché. Sans conviction de péché, il n'y aurait pas de repentance. Et sans repentance, il ne pourrait y avoir de vraie conversion, ou foi en Christ.

Jacques écrit : « Si vous commettez un péché, vous êtes condamnés par la loi comme des transgresseurs. » (Jacques 2:9). L'épître aux Romains est le traité de Paul sur l'Évangile. Paul y écrit : « Je n'ai connu le péché que par la loi. Car je n'aurais pas connu la convoitise, si la loi n'avait dit : Tu ne convoiteras point. » (Romains 7:7), citant le dernier des Dix Commandements. « C'est par la loi que vient la connaissance du péché. » (Romains 3:20). Dans la traduction anglaise de J.B. Phillips, nous lisons : « S'il n'y avait pas de loi, la question du péché ne serait pas évoquée... Mais nous voyons que la loi est intervenue pour que le péché abonde. » (Romains 3:20, 5:20). Paul dit que les chrétiens devraient expliquer la loi afin que le péché, « par le commandement, devienne condamnable au plus haut point » (Romains 7:13).

Cela surprend beaucoup de chrétiens que le Saint-Esprit ait été envoyé pour confirmer la loi de Dieu. Le premier ministère du Saint-Esprit est de « convaincre le monde en ce qui concerne le *péché*, la justice, et le jugement » (Jean 16:8). Aujourd'hui, les prédicateurs ont tendance à parler de devenir justes en Christ, sans parler de péché ni de jugement. Le péché est défini clairement par la loi de Dieu, et le jugement de Dieu sera basé sur ses lois, qui ne changent pas.

COMMENT JÉSUS A UTILISÉ LA LOI LÉGITIMEMENT

Puisqu'il y a si peu d'enseignements aujourd'hui sur le péché et le jugement, nous oublions que Jésus faisait constamment référence à la sainte loi de Dieu, quand il proclamait l'Évangile. Il n'y a pas de meilleur prédicateur de l'Évangile que Jésus ! À trois reprises, nous pouvons voir que des gens en recherche sont littéralement venus à Jésus en disant : « Dis-moi comment je peux être sauvé ! » Comment Jésus répondit-il ? Dans les trois cas, Jésus dit : « Qu'est-il écrit dans la loi ? » (Luc 10:26) et « Si tu veux entrer dans la vie, observe les commandements. » (Matthieu 19:16, Luc 18:20), et encore : « Va, appelle ton mari (faisant référence au septième commandement contre l'adultère, qu'elle venait de transgresser) » (Jean 4:16).

Jésus faisait constamment référence à la loi de Dieu, mais voici ce qui suit : il ne faisait pas référence à la loi de Dieu comme la *solution*, mais comme un *test*, pour diagnostiquer notre problème.

Le Jésus de la Bible faisait référence à la loi de Dieu, pour révéler *pourquoi* nous avons tous besoin d'un sauveur. Une version moderne et hypothétique de Jésus aurait dit à quelqu'un en recherche quelque chose comme : « Il y a un vide en forme de Dieu dans ton cœur, en fait, un vide en forme de Jésus, et si tu m'ouvrais simplement ton cœur et m'acceptais, tu serais rempli de paix et de bonheur ! » Si vous lisez le Nouveau Testament, vous y verrez que le Jésus historique et les premiers apôtres n'ont jamais tenu ce genre de discours. Pourtant, c'est ce que la plupart des chrétiens semblent faire.

Si un pécheur demandait à une personne moyenne qui se rend à l'église aujourd'hui : « Que dois-je faire pour avoir la vie éternelle ? », il est probable qu'on lui réponde quelque chose comme : « Tu veux être sauvé ?! Avant que tu ne changes d'avis, répète cette prière après moi : Ô Dieu, je t'ouvre mon cœur pour que Jésus entre dans ma vie. Pardonne-moi mes péchés. Je suis maintenant né de nouveau dans le nom de Jésus. Amen. » Le pécheur repartirait ensuite, en pensant : « C'était facile. » Pourtant, vous le verriez rarement revenir à l'église, ou s'engager pour les choses qui concernent Dieu. Et vous, le chrétien, vous vous demanderiez alors : « Mais, il a pourtant prié la prière pour le salut ! Que s'est-il passé ? Je ne comprends pas. » Quel est le problème ? L'évangélisation moderne s'est éloignée de l'évangélisation biblique. L'évangélisation moderne ne voit plus les lois de Dieu comme un moyen de préparer le chemin à l'Évangile. Aujourd'hui, les chrétiens ont tendance à voir la loi de Dieu comme synonyme du « légalisme ». Certains réagissent vivement contre la loi de Dieu : « C'est légaliste de parler de la loi. C'est une relique de l'Ancien Testament. » Mais l'apôtre Jean dit dans le Nouveau Testament : **« Car la loi a été donnée par Moïse** [d'abord], **la grâce et la vérité sont venues par Jésus-Christ** [ensuite]. » (Jean 1:17).

La façon dont Dieu évangélisa le monde fut de donner *d'abord* la loi, puis *ensuite* la grâce. La loi révéla le problème au cœur de l'homme, et la grâce révéla au cœur de l'homme la solution. S'il y avait eu une meilleure manière d'écrire la Bible, ou de communiquer son message aux habitants de la terre, Dieu l'aurait utilisée. La Bible révèle le génie de Dieu. L'Ancien Testament a parfaitement préparé le chemin au Nouveau Testament.

FAIRE LE LIEN ENTRE LE BOUDDHISME ET LE CHRISTIANISME

Puisque les chrétiens ont longtemps négligé la valeur de la loi, et refusé de l'utiliser pour l'évangélisation, ils n'ont pas non plus reconnu la valeur des enseignements de Bouddha. **De la même façon que les lois de Moïse ont préparé le chemin pour que les Juifs trouvent Jésus, les lois de Bouddha peuvent préparer le chemin, pour que les bouddhistes soient libérés du karma**[1].

Vous ne devriez donc pas prendre de distance avec la loi, mais plutôt confronter les pécheurs à la loi, éveillant ainsi leur conscience aux dangers de vivre et mourir condamnés par cette loi. Dieu a donné la loi pour qu'elle soit une arme puissante qui éveille l'âme insouciante des hommes. Si vous regardez dans le Nouveau Testament, vous verrez comment ils évangélisaient, et qu'ils utilisaient la loi.

1 TIMOTHÉE 1:8-10

8 Nous n'ignorons pas que la loi est bonne, pourvu qu'on en fasse un usage légitime;

Comment fait-on usage de la loi légitimement ? Les versets suivants nous le disent :

9 nous savons bien que la loi n'est PAS faite POUR le juste, MAIS POUR les méchants et les rebelles, les impies et les PÉCHEURS, les irréligieux et les profanes, les parricides, les meurtriers,

10 les débauchés, les homosexuels, les voleurs d'hommes, les menteurs, les parjures, et tout ce qui est contraire à la saine doctrine,

La loi n'a *pas* été faite pour une personne née de nouveau. En d'autres mots, en tant que personne née de nouveau, je ne vais pas me réveiller chaque matin, et lire les Dix Commandements pour que je me rappelle : « Aujourd'hui, je ne dois tuer personne. Je ne dois pas mentir. Je ne dois pas voler. » Puisque Dieu a implanté une nouvelle nature dans mon cœur, par son Saint-Esprit, je ne marche plus par la loi, mais par l'Esprit. Ainsi, prêcher la loi à des chrétiens aura tendance à les condamner, et les lier dans le légalisme. Ceci est un usage illégitime de la loi de Dieu.

Qu'est-ce qui est alors un usage légitime de la loi de Dieu ? 1 Timothée 1:9 nous dit : « Nous savons bien que la loi n'est PAS faite POUR le juste, MAIS POUR les méchants... les impies et les pécheurs... » Cela signifie qu'il est parfaitement légitime de prêcher la loi aux pécheurs, et la grâce aux saints. Cependant, la plupart des prédicateurs ont fait l'inverse ! Ils prêchent la grâce aux pécheurs, et la loi aux saints !

Qu'est-ce qui en résulte ? On aura tendance à retrouver des saints qui se sentent condamnés la plupart du temps, et des pécheurs qui prient la « prière du salut » sans qu'il n'y ait aucune repentance. Il n'y a pas de repentance, parce qu'il n'y a pas eu de conviction de péché. Il n'y a pas de conviction de péché, parce que nous n'avons jamais parlé des Écritures qui ont été données pour y parvenir, c'est-à-dire, la loi. La Bible dit que la loi a été donnée par Moïse, mais la grâce est venue par Jésus. Personne n'est prêt pour la grâce, avant d'avoir été auparavant convaincu par la loi.

. . .

'est cet ordre-là que Dieu a prévu. C'est ainsi que la Bible l'entend. C'est de cette façon que nous devons évangéliser. Il n'y a pas de meilleure méthode. Que vous parliez à un juif, un musulman, un bouddhiste, un athée, ou à ceux qui se disent chrétiens par tradition, la loi de Dieu doit précéder la grâce de Dieu. Ce qui est positif avec le bouddhisme, c'est que les commandements moraux de Bouddha sont d'une grande aide, puisqu'ils sont très semblables aux lois de Dieu.

Ce sont ces commandements que nous allons regarder de plus près dans les prochains chapitres.

11

LES CINQ COMMANDEMENTS DE BOUDDHA

*É*videmment, les 227 commandements de Bouddha sont plutôt compliqués et, pour quiconque, très difficiles à retenir ou à observer. C'est pourquoi les moines ont élaboré cinq règles dont tout le monde puisse se souvenir. Ces cinq règles sont vraiment de bonnes alliées pour le chrétien, et j'encourage vivement chaque chrétien à les mémoriser. On les appelle les « benja seen » en pali[1], ou « seen ha » en thaï. « Seen » signifie commandement ; « benja » signifie cinq en pali, et « ha » signifie cinq en thaï[2]. Les « seen ha » sont les cinq interdictions minimales qu'un bouddhiste doit respecter. Si vous vous dites bouddhiste, vous devez respecter ces cinq règles chaque jour de votre vie.

Je vais d'abord vous donner chaque interdiction en pali, et ensuite la traduire dans notre langue, car c'est ainsi qu'un bouddhiste l'apprendrait. Comme vous le constaterez, les « seen ha » sont très proches de la deuxième partie des Dix Commandements.

Numéro 1 : « Bana tipa-ta veramani ! » **Ne pas tuer.**
Certaines des personnes que je rencontre sont fières de pouvoir dire : « Je respecte cette règle ! Je n'ai jamais tué personne ! » Cependant, j'en suis navré, mais ce n'est pas ce que Bouddha voulait dire. Il voulait dire que vous ne pouvez pas tuer un

moustique en train de vous piquer. Vous ne pouvez pas tuer un cafard qui rampe dans votre nourriture. Vous ne pouvez pas tuer un rat qui se promène dans votre chambre, même si vous avez des jeunes enfants à protéger. Vous ne pouvez pas tuer les termites qui sont en train de dévorer les murs de votre maison.

En réalité, je sais que les bouddhistes tuent des termites dans leur maison tout le temps. Ils n'y penseraient pas à deux fois avant d'asperger tous ces cafards d'aérosol, pour en venir à bout. Techniquement, un bouddhiste ne peut même pas tuer une bactérie, et chaque fois que vous prenez des antibiotiques, vous détruisez non seulement des mauvaises bactéries, mais aussi des pro biotiques (bactéries salutaires).

« Ne pas tuer » veut aussi dire que vous ne pouvez manger aucune viande, et vous devez être végétarien. Tous les délicieux plats asiatiques que nous aimons manger sont préparés avec beaucoup de bœuf, de porc ou de poulet ; eh bien, nous brisons une des « seen ha ». Si vous voulez être bouddhiste, vous devriez ne jamais rien tuer.

Selon le dictionnaire thaï du bouddhisme (*Thai Dictionary of Buddhism*)[3], ce commandement peut être défini plus largement, exigeant de ne pas tuer, ni provoquer, ni blesser aucune forme de vie, ou causer du tort à qui que ce soit[4].

Numéro 2 : « Atin-na ta-na veramani ! » **Ne pas voler.**
À nouveau, certains aiment à dire : « Je respecte cela. Je ne vole jamais. » Je leur réponds : « Vraiment ? J'irais bien chez vous vérifier votre collection de musique, et votre ordinateur ! » Si jamais il vous est arrivé de copier une chanson que vous n'avez pas achetée, ou si vous avez regardé un film piraté, vous êtes un voleur. Vous étiez en train de voler quelque chose qui ne vous appartenait pas. Et vous avez enfreint un des cinq commandements principaux de Bouddha.

Le dictionnaire thaï du bouddhisme indique que cette interdiction implique l'abstention de prendre quelque chose sans permission, voler, tricher, violer les droits de propriété d'autrui, ainsi que causer des dommages à ce qui appartient à autrui.[5]

Certaines personnes avec qui je parle avancent des arguments pour expliquer pourquoi elles volent. Elles pensent que le piratage, ou violer les droits de propriété intellectuelle d'autrui, n'est pas du vol. C'est exactement la même chose que pour le conducteur qui est attrapé en excès de vitesse, et qui explique à la police que la limite de vitesse n'est pas justifiée. C'est ce qui s'appelle justifier ses péchés, et c'est ce que les pécheurs font. Ne faites pas de vos péchés quelque chose d'acceptable. Si quelqu'un vous vole quelque chose, arrache votre sac à main, ou cambriole votre maison, vous ne serez pas ravi d'entendre le voleur se justifier : « Vous êtes trop riche, donc j'ai pensé que j'avais le droit de vous voler.» Les excuses ne sont pas une défense. Dieu regarde au cœur.

Numéro 3 : « Garmay sumitcha jara veramani !» **Ne pas commettre d'immoralité sexuelle.**

Ceci inclut le sexe en dehors du mariage (fornication), le sexe avec une personne autre que votre conjoint (adultère), le sexe avec une personne non-consentante (viol), le sexe avec un mineur (pédophilie), le sexe avec une personne du même sexe (homosexualité), le sexe avec des animaux (bestialité), et les fantasmes sexuels (pornographie) : toutes ces choses rendent une personne sexuellement impure.

Dans les cultures asiatiques traditionnelles, l'immoralité inclut tout contact, baiser, ou toucher inappropriés avec une personne qui veut se garder pure, ou ne souhaite pas cette attention. Bouddha dit de ne pas le faire. Vous ne pouvez pas atteindre le nirvana, aller au ciel, ou échapper à la souffrance, si vous violez cette interdiction. La façon la plus sûre de ne pas violer cette interdiction, les moines et les nonnes l'ont trouvée : c'est de faire vœu d'abstinence pour le reste de leur vie. Mais malgré cela, beaucoup de moines sont tombés dans le piège de la pornographie, se sont adonnés au flirt, ou ont brisé leurs vœux.

Numéro 4 : « Musa wa-ta veramani !» **Ne pas mentir, ou dire de mauvaises choses.**

Certaines personnes mentent si souvent, qu'elles ne réalisent pas qu'elles sont en train de mentir par habitude. Les étudiants mentent à leurs professeurs lorsqu'ils font du plagiat. Certains immigrants mentent aux agents d'immigration sur leur statut légal ou marital. Les gens mentent au service des impôts, en ne déclarant pas correctement combien d'argent ils gagnent, et combien de taxes ils doivent payer. De nombreux agents immobiliers mentent pour conclure une vente, ou faire des profits.

Dieu a dit que cela ne fait aucune différence selon la personne à qui vous mentez, ou les raisons de le faire, ou le moment où vous le faites : si vous mentez, il n'y a pas de place pour vous au ciel. Au ciel, nous serons en sécurité, et il sera possible de se faire confiance les uns aux autres. On ne peut pas faire confiance à un menteur, ainsi, seuls des gens qui disent toujours la vérité vivront au ciel. Le ciel va être un endroit merveilleux.

Nous n'aurons jamais à avoir peur, ou être suspicieux de qui que ce soit au ciel. Imaginons que 99% des gens au ciel disent la vérité, et que seulement 1% des gens mentent, cet endroit ne pourrait plus s'appeler le ciel ; il deviendrait vite l'enfer ! Pour ceux d'entre nous qui désirent appartenir au ciel, Dieu dit : « J'ai préparé un endroit pour vous tous qui s'appelle le ciel. Mais il n'y aura pas de menteurs ! » Si nous avons menti, il est nécessaire que nous payions en totalité pour notre karma (ce qui est possible seulement par quelqu'un qui n'a jamais menti : Jésus-Christ).

Quand Bouddha a ordonné aux gens de ne pas dire de mauvaises choses, cela impliquait les jurons, maudire, les médisances, et toute parole vaine. Avez-vous parfaitement suivi cette règle ? L'apôtre Jacques dit : « Nous bronchons tous de plusieurs manières. Si quelqu'un ne bronche point en paroles, c'est un homme parfait, capable de tenir tout son corps en bride... La langue aussi est un feu ; c'est le monde de l'iniquité. La langue est placée parmi nos membres, souillant tout le corps et enflammant le cours de la vie, étant elle-même enflammée par la géhenne. » (Jacques 3:2,6)

Le « cours de la vie » peut aussi être traduit par la « roue de la vie », ou le « cycle de la destruction et du désastre » (selon la Bible anglaise *The Living Bible*). Notre langue pèche facilement, et démarre le « cycle de la destruction » ; la Bible et Bouddha s'accordent sur ce point. La Bible est claire : les offenses verbales sont comme des flammes incontrôlables de l'enfer. Mentir appartient à l'enfer. Si nous avons jamais menti, nous devons nous repentir, et faire confiance à celui qui n'a jamais menti : Jésus-Christ.

N uméro 5 : « Sura may-ra-ya majjapama tat-tana veramani! » **Ne pas faire usage de substances qui rendent dépendant.** Ceci fait référence à l'alcool, aux cigarettes, aux drogues, etc. Un bouddhiste très strict pourrait même aller jusqu'à inclure le café, ainsi que toute autre substance de ce genre. Bouddha a dit que si vous voulez échapper à la souffrance, vous ne pouvez pas permettre à votre corps d'être dépendant d'une substance.

Comme nous le verrons, ces lois sont très utiles à des chrétiens qui veulent discuter avec des bouddhistes.

🪷 🪷 🪷

QU'EST-CE QUE JÉSUS DIRAIT AUX BOUDDHISTES ?

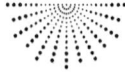

COMMENT METTRE FIN À UNE CONVERSATION

*S*i vous prenez la méthode d'évangélisation la plus répandue, vous allez sans doute marcher droit vers un bouddhiste, et lui citer Jean 3:16 : « Car Dieu a tant aimé le monde qu'il a donné son Fils unique, afin que quiconque croit en lui ne périsse point, mais qu'il ait la vie éternelle. » Vous espérez ensuite que votre ami bouddhiste le comprenne, et dans le cas contraire, vous ajoutez : « Jésus t'aime. »

Quelle sera la réaction du bouddhiste moyen ? J'ai littéralement eu des centaines de conversations avec des bouddhistes partout dans le monde, et ils répondent presque toujours la même chose : « Mais moi, je suis bouddhiste. » Et ceci met fin à la plupart des conversations.

Tout à fait sincèrement, le chrétien commence en disant au bouddhiste : « Dieu t'aime. » Et tout à fait sincèrement, le bouddhiste répond : « Mais moi, je suis bouddhiste. » C'est une réponse qui met fin à la conversation. Et ensuite, qu'allez-vous dire ?

Si vous voulez être efficace, et parvenir à construire des liens avec votre voisin bouddhiste, vous devez savoir quoi dire après que quelqu'un vous a dit : « Je suis bouddhiste. »

Ceux qui ne sont pas accoutumés à la réponse bouddhiste classique (« Je suis bouddhiste ») ont donné des réponses intéressantes. En voici quelques-unes, que j'ai personnellement entendues :
Quelqu'un a dit : « Je peux vous partager ce que j'ai vécu personnellement avec Dieu. » Voilà une façon.

Quelqu'un d'autre a dit : « Les bouddhistes s'efforcent d'être libres de tout attachement : ils ne veulent être liés ni à la vie, ni à l'argent ou aux relations humaines. » À mon avis, ceci a tout l'air d'être tiré d'un livre, et je ne pense pas que vous aurez souvent affaire à des bouddhistes qui vous parleront d'attachement et de détachement. Ils seront généralement reconnaissants d'avoir l'aide de Dieu, dans une vie d'incertitude et de souffrance.

Une autre personne a dit : « Vous êtes bouddhiste ? C'est génial ! Dieu aime aussi les bouddhistes ! » Pas mal. La plupart des conversations se seraient arrêtées à : « Je suis bouddhiste. » Au moins, vous êtes sorti de l'impasse. Vous êtes sur la bonne voie !

Un aspect de mon travail est d'aider à préparer les chrétiens à présenter l'Évangile aux bouddhistes qui sont dans leur voisinage, aussi bien qu'à l'étranger. Laissez-moi vous donner quelques conseils, pour savoir comment avoir des discussions sur des choses spirituelles avec des bouddhistes. Plus vous comprendrez leur arrière-plan religieux, de quoi est faite leur vie quotidienne, et leur envie de partage avec des chrétiens sympathiques et authentiques qui vivent une vie de prière, plus vous aurez d'assurance pour parler librement de choses spirituelles.

QUAND VOUS NE SAVEZ PAS QUOI DIRE !

Quand des chrétiens rencontrent des bouddhistes, ils devraient utiliser les enseignements de Bouddha pour démarrer une conversation, parce que ceux-ci sembleront familiers à l'oreille d'un bouddhiste. Chaque bouddhiste devrait connaître et essayer de vivre selon les cinq commandements de Bouddha (en thaï : « seen ha »). Vous n'allez pas commencer par « Dieu vous aime », parce que cela ne ressemble en rien à ce qu'ils connaissent. Partager la Bonne Nouvelle efficacement, c'est simplement amener quelqu'un de ce qu'il connaît vers ce qu'il ne connaît pas. Si vous ne commencez pas par ce qui est connu, vous n'avez vraiment pas partagé la Bonne Nouvelle. Les cinq interdictions de base sont les règles minima que les bouddhistes devraient suivre. Les « seen ha » font vraiment partie de l'enseignement que n'importe quel bouddhiste sera en mesure de comprendre. Ils peuvent ne pas connaître toutes les autres choses que contiennent nos livres occidentaux, mais ils savent ceci : les « seen ha ». Et la plupart d'entre eux savent qu'ils sont coupables de les enfreindre plutôt régulièrement.

Pour vous montrer à quel point les bouddhistes prennent les « seen ha » sérieusement, je vais faire référence à un débat dont vous n'avez peut-être pas entendu parler, mais qui a été intense en Thaïlande en 2007. Tandis que les politiciens ébauchaient une nouvelle constitution thaï, certains moines souhaitaient que le bouddhisme soit reconnu dans la constitution, comme la religion d'état officielle de la Thaïlande. Après de nombreux débats, ceux qui écrivaient la constitution ont voté, le 29 juin 2007, pour que le bouddhisme ne soit pas religion d'état, au grand dépit de nombreux protestataires. La raison à cela ? Même s'il y en avait probablement de nombreuses, à la fois politiques, historiques et spirituelles, nous nous intéressons principalement aux spirituelles.

Certains ont demandé si la Thaïlande, en devenant une nation bouddhiste, verrait son peuple décidé à arrêter de vendre de la bière (ce qui enfreint le cinquième commandement de Bouddha). Ils ont demandé si la Thaïlande allait mettre fin au commerce illégal du sexe, et punir tout adultère (ce qui enfreint le troisième commandement de Bouddha). Ou encore, si les Thaïlandais ne souhaitent pas respecter les « seen ha », ou ne peuvent pas les suivre, à quoi bon déclarer la Thaïlande une « nation bouddhiste » ?

Quand quelqu'un me dit : « Je suis bouddhiste », je réponds généralement : « C'est génial ! Parvenez-vous à respecter les cinq commandements de Bouddha ? » Presque à chaque fois, la personne sourira, ou se mettra à rire. Un rire qui essayera de masquer la culpabilité... Les bouddhistes auront tendance à mettre de côté leur culpabilité personnelle, et à généraliser pour justifier le blâme : « *Personne* ne peut respecter les « seen ha ». »

QU'EST-CE QUE JÉSUS DIRAIT AUX BOUDDHISTES ?

Les cinq commandements de Bouddha sont presque identiques aux Dix Commandements de Moïse. Cela ne serait pas surprenant que les cinq commandements bouddhistes soient basés sur les dix originellement donnés à Moïse, puisque ce dernier est plus âgé que Bouddha d'un millier d'années, et que les lois données par Dieu à Moïse étaient révolutionnaires et bien connues de tous les peuples civilisés.

Jésus s'est beaucoup servi des Dix Commandements pour annoncer l'Évangile. Quand un riche dirigeant lui demanda : « Bon maître, que dois-je faire pour hériter la vie éternelle ? » Jésus cita cinq des Dix Commandements :

« Ne commets pas d'adultère [septième commandement],
Ne commets pas de meurtre [sixième commandement],
Ne commets pas de vol [huitième commandement],
Ne dis pas de faux témoignage [neuvième commandement],
Honore ton père et ta mère [cinquième commandement] »
(Luc 18:18-20).

Pourquoi Jésus a-t-il cité ces cinq commandements au riche dirigeant ? Pour la même raison que je cite les cinq commandements à un bouddhiste : pour évaluer son honnêteté. Pourquoi Jésus n'a-t-il pas simplement dit à l'homme de croire en lui ? Jésus n'aurait-il pas pu rendre les choses faciles pour qu'il soit sauvé, en lui disant, comme de nombreux chrétiens le font : « Dieu t'aime. Jésus t'aime. Crois seulement en Jésus et tout ira bien. » ?

Jésus n'a pas fait cela, parce qu'il n'est pas venu « appeler à la repentance des justes, mais des pécheurs. » (Luc 5:32, 15:7) Ce riche dirigeant était juste à ses propres yeux. Il n'a pas admis qu'il était pécheur. Ce qui était « bon » selon lui, était bien au-dessous de ce qui l'est aux yeux de Dieu. Alors, pour mettre en évidence la condition de péché dans laquelle vivait réellement cet homme, et son besoin du pardon de Dieu, Jésus cita cinq des saints commandements que l'homme avait enfreints.

Cependant, quelle fut la réponse du dirigeant ? « J'ai observé toutes ces choses dès ma jeunesse » !

En toute franchise, quelle est selon vous la probabilité qu'un jeune homme fier et riche n'ait jamais menti, volé, ou ne se soit adonné à aucune forme d'impureté sexuelle ? Nulle ? Dans le récit de Matthieu, Jésus ajouta, en plus des cinq commandements, le plus grand de tous : « ET : tu aimeras ton prochain comme toi-même. » (Matthieu 19:19). Personne, à part Jésus, n'a jamais aimé tout le monde comme lui-même. Ce dernier commandement aurait dû condamner le riche dirigeant, mais il avait encore cette impression qu'il était fondamentalement une bonne personne. Finalement, parce que Jésus « l'aima » (Marc 10:21), il lui présenta un commandement de plus, pour lui démontrer qu'il était attaché au péché. Jésus lui dit de vendre tout ce qu'il avait, et de le suivre. Mais il aimait trop l'argent pour le laisser.

Ce verset reste l'un des plus mal interprétés de l'Évangile. Certains se sont demandés : « Si je suis chrétien, dois-je vendre tout ce que je possède pour suivre Jésus ? » J'ai eu affaire à des sectes chrétiennes qui mettent cela en pratique. D'autres chrétiens ont interprété cette phrase de Jésus, en disant qu'il s'oppose aux riches, et que la pauvreté est quelque chose de saint. Cela place ce que Jésus a dit hors de son contexte. Jésus ne s'adressait pas à des chrétiens, ni n'enseignait à être disciple. Jésus était en train de parler à un pécheur orgueilleux et juste à ses propres yeux, et il l'évangélisait ! À moins qu'un chrétien ne soit orgueilleux et juste à ses propres yeux (auquel cas je me demande comment il peut se dire chrétien), cela ne devrait pas être un problème pour lui de travailler, gagner de l'argent, donner, épargner, investir, bénir les pauvres, et faire tout ce que la Bible demande à différentes reprises.

La raison pour laquelle Jésus ordonna à cet homme riche d'abandonner toutes ses possessions terrestres, était de lui annoncer l'Évangile. C'était pour exposer au grand jour son amour de l'argent, qui dépassait l'amour qu'il avait pour Dieu. Son refus de laisser l'argent, et de suivre Jésus, prouve qu'il brise les premier, deuxième, et dixième commandements de Dieu (aimer Dieu signifie le placer en premier, avant l'argent ; n'adorer aucune idole inclut l'idole que peut être l'argent ; ne pas convoiter ou être avide d'argent). L'homme riche s'en alla « tout triste », et ceci était une meilleure sortie que de continuer dans son orgueil et sa propre justice.

Dans le livre des Actes, nous pouvons lire l'histoire d'un homme qui vendit tout ce qu'il avait, donna l'argent à l'église et suivit Jésus (Actes 4:36-37). Certains pensent que cet homme humble, Barnabas, est le même homme riche qui rencontra Jésus ; il aurait été convaincu de péché, et fut sauvé après sa première rencontre avec Jésus. Voilà la puissance de la loi morale de Dieu pour les pécheurs !

Dans la même idée, Bouddha enseignait les gens à observer au moins cinq commandements moraux. Les moines consacrés doivent en garder 227. Quand quelqu'un me dit : « Vous êtes chrétien, mais moi, je suis bouddhiste », j'utilise ce qui, en général, coupe court à la conversation, comme tremplin vers les choses spirituelles. À l'exemple de Jésus, dans ce que l'on vient de voir, je leur demande : « Parvenez-vous à garder les cinq commandements de Bouddha ? »

13

LE BOUDDHISTE CORÉEN

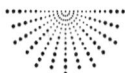

e me rappelle avoir discuté avec un bouddhiste coréen, qui se trouvait dans le même téléphérique que mon épouse et moi. Puisque la Corée du Sud est devenue une nation très chrétienne[1], je me suis dit : « Il est coréen, donc il est probablement déjà chrétien. » Quand je lui posai la question, il me répondit : « Non, je ne suis pas un chrétien », et resta silencieux. J'ai pensé : « Beaucoup de chrétiens ont probablement déjà essayé de lui témoigner de l'Évangile. » Alors, j'ai poliment demandé : « En quoi croyez-*vous* ? »

Plutôt que d'attaquer les religions des gens, ou de les saturer de christianisme, je crois que les chrétiens ont besoin d'apprendre à poser de meilleures questions. Il répondit : « Je suis bouddhiste ! » Il le dit sans s'attendre à poursuivre la conversation avec cet étranger chrétien, mais j'ai aimé le fait qu'il m'ouvre une porte. Je lui répondis avec enthousiasme : « Vraiment ? Vous êtes bouddhiste ? C'est génial ! Moi aussi, j'étais bouddhiste ! Je viens du pays le plus bouddhiste au monde. Vous connaissez la Thaïlande ? La Thaïlande est un pays très bouddhiste ! » Il semblait se détendre. Peut-être pensa-t-il : « Nous avons un point commun. »

Je continuai : « Alors, êtes-vous capable de garder les cinq commandements de Bouddha ? »

Il commença à légèrement transpirer. Je pouvais presque l'entendre se creuser la tête et se dire : « Je devrais connaître ces commandements ! Quelqu'un m'a une fois enseigné les commandements de Bouddha. »

Ne soyez pas surpris si des bouddhistes ne peuvent se souvenir des commandements qu'ils devraient suivre. Ils ne sont pas bien différents des Occidentaux qui ont suivi des cours de catéchisme, ou ont été élevés dans la tradition chrétienne ; la plupart de ceux que je rencontre ne peuvent pas non plus me dire par cœur quels sont les Dix Commandements.

Je lui demandai une seconde fois : « Il y a juste cinq commandements de Bouddha. Pourriez-vous vous souvenir d'au moins un des cinq ? »

Il me répondit : « Attendez voir, je m'en souviens... le premier, c'est : ne pas tuer. »

Je lui dis : « Gardez-vous celui-ci ? »

Il répliqua : « Ouais, je n'ai jamais tué personne. »

J'enchaînai pour être sûr qu'il était sincère : « Avez-vous déjà mangé du « bulgogi »[2]? »

Il me dit : « Oh oui, tous les Coréens mangent du bulgogi. »

Je rétorquai : « N'est-ce pas tuer ? De quel autre commandement pouvez-vous vous souvenir ? »

Il réfléchit pendant un moment. En fait, il se les rappelait plutôt bien, parce qu'en lui donnant suffisamment de temps, il a pu se souvenir de deux de plus, mais il avait oublié le reste.

Donc, je lui présentai les commandements un par un : « Est-ce qu'il vous arrive de voler ? »

Il répondit fièrement : « Non ! »

Mais son enthousiasme fut de courte durée, quand je poursuivis : « Vous voulez dire que vous n'avez jamais téléchargé de musique sur internet que vous n'auriez pas dû ? Ou écouté une copie illégale d'un CD, ou regardé un DVD piraté ? »

Il sembla surpris : « Oh...! », et esquissa un sourire coupable.

Je lui rappelai gentiment : « C'est du vol. Bouddha a dit également : « Ne mens jamais ». Avez-vous déjà menti ? » Il acquiesça.

« Ne commets pas d'adultère », et cela inclurait toute impureté sexuelle.

Finalement, « ne bois pas et ne prends aucune drogue. »

En tout juste cinq minutes d'une conversation très amicale, le

Saint-Esprit le convainquit de péché. De sa propre bouche, le jeune homme dit : « Je ne suis pas un bon bouddhiste. » Il reconnut lui-même qu'il était pécheur, et méritait de souffrir.

Je lui demandai : « Si vous deviez mourir aujourd'hui, et être jugé pour la manière dont vous avez vécu votre vie devant Dieu, devriez-vous être puni ou récompensé ? » Il croyait, comme Jésus et Bouddha l'ont enseigné, qu'il méritait d'être puni pour ses péchés. S'il y a une Justice dans l'univers, quelqu'un doit payer pour le péché, en souffrant et mourant. La Bible avertit : « L'âme qui pèche, c'est celle qui mourra. » (Ézéchiel 18:4)

Ce n'est que lorsque cet homme se rendit compte qu'il était spirituellement malade, que je pus alors lui présenter le Médecin. Ce n'est que lorsqu'il réalisa qu'il était pécheur, que je pus lui présenter l'amour du Sauveur. Autrement, il aurait méprisé ce que j'avais à dire sur Jésus. Il avait jusqu'alors cru qu'il était un bouddhiste parfaitement respectable, puis il fut confronté à la réalité qu'il ne pouvait pas vraiment bien suivre sa propre religion. Il n'y a pas que cinq commandements de Dieu, mais dix qui ont été donnés sur le Mont Sinaï ; et il y en a 613 en tout, si on les compte dans l'ensemble de l'Ancien Testament. Ce n'est que lorsque les gens réalisent qu'ils ont un problème spirituel, qu'ils rechercheront la solution spirituelle.

QU'EST-CE QUE CETTE CLÉ OUVRE ?

Si vous voulez aider quelqu'un, ne lui donnez jamais la réponse sans d'abord clairement définir le problème. Voilà le souci avec les méthodes d'évangélisation modernes des chrétiens. C'est comme si les chrétiens se promenaient partout en tendant des clés aux gens, proclamant : « Jésus est mort pour vous. Jésus vous aime », mais le bouddhiste regardera cette clé en se demandant : « À quoi cette clé sert-elle ? Qu'est-ce qu'elle ouvre ? »

Imaginez pendant un instant que je possède une clé qui ouvre une salle remplie de lingots d'or. Imaginez également que la personne à qui je m'adresse a de nombreuses dettes. Cette clé que je tiens pourrait être la solution à ses problèmes financiers. Cependant, à moins que je ne lui montre d'abord dans quelle condition financière elle se trouve, cette personne pourrait très bien se débarrasser de la clé ! Alors, je commence par lui rappeler : « Vous avez un découvert sur votre carte de crédit, vous avez été licencié, vous avez des factures jusqu'aux oreilles, et vous avez grand besoin d'une rentrée financière, n'est-ce pas ? Eh bien, cette clé va ouvrir un coffre qui contient de l'or, et je vous le donne. Vous pouvez échanger cet or contre de l'argent, pour régler vos dettes, et vivre du reste. Voici la clé ! »[3]

Quelle réaction cet homme aurait-il ? De colère ? De dégoût ? Ou une grande reconnaissance ? S'il raisonne avec bon sens, il dira : « Oh, je ne mérite vraiment pas ça. J'ai mal géré mes propres finances. J'ai pris de mauvaises décisions financières. Êtes-vous sûr ? »

« C'est bon, lui dirais-je, je vous donne la clé. Je vous l'offre en cadeau. »

Parce que son problème était clairement défini, la solution que j'offris fut acceptée avec beaucoup de gratitude.

Les chrétiens tiennent vraiment dans leur main une clé ouvrant une salle remplie de lingots d'or. C'est une richesse impérissable et éternelle en Christ ! Et pourtant, certaines personnes ont pris la clé, et l'ont rejetée, parce qu'elles n'ont jamais pris conscience des problèmes qu'elles avaient. Aucun chrétien n'a osé leur parler du problème du péché ni de la souffrance qui en résulte. Une fabuleuse clé a été jetée de côté. Jésus dirait que les chrétiens ont jeté les perles devant les pourceaux, et donné les choses saintes aux chiens (Matthieu 7:6). Les chiens et les pourceaux ne savent pas apprécier les perles. Ils n'en connaissent pas la valeur.

Si vous partagez l'Évangile de manière biblique, en définissant d'abord quel est le problème de l'homme, plus de gens apprécieraient la perle (la solution) que vous leur offrez. Mais si vous le prêchez mal, en vous passant de la part importante que joue la loi morale, la plupart des gens se sentiront offensés. Leur attitude sera : « Pourquoi donc voulez-vous me donner cela ? Je n'ai pas besoin de Jésus ! Je ne pense pas avoir péché. Je suis quelqu'un de bien. Je n'ai tué personne. Pourquoi ne me laissez-vous pas tranquille ? Allez donc parler à quelqu'un qui a besoin d'une béquille religieuse ! » Comprenez-vous pourquoi ils pourraient réagir de cette façon ?

Quand j'ai passé en revue les cinq commandements de Bouddha,

LE BOUDDHISTE CORÉEN | 85

qui sont une liste partielle des saints commandements de Dieu dans la Bible, cet homme coréen fut convaincu de péché, dans ce téléphérique, à des centaines de mètres d'altitude. Il ne pouvait aller nulle part, et reconnut : « Je ne suis pas un bon bouddhiste. » J'ai juste laissé cette vérité faire son chemin en lui. Je n'ai pas essayé de le réconforter tout de suite après, je voulais simplement qu'il en prenne conscience : nous devons tous réaliser pour nous-mêmes, qu'en dépit de nos façades religieuses, nous sommes loin d'être parfaits, et sommes privés de la gloire de Dieu (Romains 3:23).

Je n'ai pas dit que j'étais différent de lui. En fait, nous sommes tous les mêmes : nous sommes tous de mauvais bouddhistes ! Nous sommes tous incapables de garder les lois de Bouddha, de la même façon que les Juifs étaient incapables d'observer les lois de Moïse, et de la même façon que les chrétiens sont incapables de garder les lois de Jésus.

Les chrétiens devraient avoir la tâche facile, étant donné que Jésus ne nous a donné que deux lois : aimer Dieu avec tout ce que nous avons (en d'autres mots, toujours placer Dieu en premier dans tout ce que nous faisons), et aimer notre prochain comme nous-mêmes (Matthieu 22:37-40). Combien d'entre nous en sont à ce niveau ? Aimer notre prochain ? Commençons par aimer notre épouse ! Combien rentrent à la maison en traitant toujours leur mari ou leur femme comme ils aimeraient être traités eux-mêmes ? Après une longue journée de travail, nous aurions envie de nous adosser, nous relaxer, et ne rien faire, n'est-ce pas ? Alors que, si nous aimions vraiment notre femme comme nous-mêmes, nous dirions : « Chérie, voici le canapé et la télécommande, assieds-toi là, et je vais m'occuper du linge, faire la vaisselle, et nous préparer un bon repas. » Voilà ce que veut dire « aimer ton prochain comme toi-même. » Tout ce dont votre corps peut avoir envie, faites-le pour votre prochain ! La plupart d'entre nous ne le font même pas pour ceux qui leur sont les plus chers ! Mari, femme, parents, enfants, amis... Nous faisons tous passer nos besoins et désirs avant ceux des autres, et souvent avant ce que Dieu désire. Nous échouons à aimer Dieu, et à aimer notre prochain. Si l'amour est ce qui nous permet d'entrer au ciel, et Jésus a dit que c'est le cas, alors nous sommes tous déjà disqualifiés pour y aller.

Le jour où nous prenons conscience de cela est un grand jour !

Nous sommes alors plus proches du salut que jamais auparavant. Nous sommes plus proches du ciel, quand nous réalisons que c'est difficile d'être bon sans Dieu. Nous sommes alors prêts à dire : « Seigneur, montre-moi le chemin. Je ne peux pas me sauver moi-même. J'ai besoin d'aide ! Viens dans mon cœur dès maintenant, pardonne mes péchés, purifie-moi par le sang de Jésus, et fais de moi ton enfant. » Voilà ce qui est nécessaire, pour devenir chrétien : se repentir et croire en Jésus. Demande de l'aide à Jésus, il attend de pouvoir te sauver !

14

LES DIX KARMAS

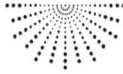

*C*ela choque la plupart des Occidentaux d'apprendre que Bouddha a donné une définition claire du péché. En fait, Bouddha a enseigné qu'il y a « dix voies du karma »[1], ou « dix voies mortelles, qui ont pour conséquence de mener un être humain en enfer »[2]. Avez-vous bien lu cela ? Oui, c'est bien cela. Bouddha a dit que si vous brisez l'une de ces lois, vous irez directement en enfer. Comment se fait-il que dans les salles de classe occidentales, quand on aborde le bouddhisme, il n'est jamais question de péché, de punition, ni d'enfer ? Parce que cela est bien trop proche de ce que les passionnés occidentaux essayent de rejeter : le christianisme.

Bouddha a dit ceci : il y a dix voies qui mènent en enfer. Ces dix voies mortelles sont semblables à ce que les catholiques appellent les sept péchés capitaux. En réalité, tout péché est capital et vous entraînera en enfer, mais les sept péchés capitaux sont spécialement répugnants. Pareillement, tout karma est mauvais, mais si vous avez l'un de ces dix karmas, vous n'avez vraiment plus aucun espoir ! Bouddha a dit que si quelqu'un est coupable d'un péché, il est coupable de tous. Cela ne ressemble-t-il pas à un verset de la Bible ?

JACQUES 2:10

10 Car quiconque observe toute la loi, mais pèche contre un seul commandement, devient coupable de tous.

Combien de lois avez-vous à enfreindre, pour être quelqu'un qui enfreint la loi ? Juste une. Combien de mensonges avez-vous à dire, pour être un menteur ? Juste un. Combien de péchés avez-vous à commettre, pour être un pécheur ? Juste un. Quiconque brise une loi, brise toute la loi.

Bouddha a catégorisé ces dix lois en trois groupes :

- Les péchés physiques (en thaï : « gaya-gum »)
- Les péchés verbaux (en thaï : « wajee-gum »)
- Les péchés mentaux (en thaï : « mano-gum »).

Il a ensuite détaillé chaque catégorie.

Il y a trois sortes de « gaya-gum », ou péchés physiques :

Premièrement : tuer. Bouddha ne parlait pas juste de tuer un être humain, il parlait de tuer n'importe quel être vivant. Vous mangez du porc ? Votre compte est bon. Vous n'êtes pas végétarien ? Vous êtes fait. Vous avez du « gaya-gum », et vous vous dirigez droit en enfer. (Ceci est ce que dit Bouddha, pas Jésus. Dieu a sauvé plusieurs meurtriers, les a transformés et les a utilisés pour sa gloire ; parmi ceux-là sont Moïse et Paul.)

Deuxièmement : voler. La valeur de ce que vous volez n'a pas d'importance, il peut s'agir d'un trombone pris au bureau, ou d'une chanson prise sur internet. Si vous volez, vous avez du « gaya-gum ».

Troisièmement : commettre un adultère.

Il y a quatre sortes de « wajee-gum », ou péchés verbaux :

Premièrement : dire des paroles vaines. Regardez comment ce péché est défini dans le dictionnaire thaï : « dire n'importe quoi, parler sans but, parler sans savoir quand s'arrêter ». Si vous faites une seule de ces choses, vous irez directement en enfer, selon Bouddha.

Deuxièmement : mentir est un « wajee-gum ».

Troisièmement : insulter est un « wajee-gum ».

Quatrièmement : jurer, ou dire des mots grossiers, est un « wajee-gum ».

Il y a trois sortes de « mano-gum », ou péchés mentaux :

Premièrement : la rancœur. Autrement dit, souhaiter le malheur des autres, ne pas laisser une souffrance derrière soi, mais garder rancune. Si vous vous reconnaissez dans l'une de ces choses, vous avez du « mano-gum », vous n'allez pas vous en sortir après votre mort.

Deuxièmement : l'aveuglement. Bouddha a été très précis dans sa définition de cette maladie du cœur humain : « croire que des choses mauvaises sont bonnes » et « essayer de changer des choses mauvaises, pour qu'elles aient l'air bonnes ». Voilà ce qu'est l'aveuglement. Les gens aveuglés iront là où d'autres gens aveuglés se trouvent : en enfer. Le ciel est un lieu de vérité seulement.

Troisièmement : la cupidité. La Bible appelle cela la convoitise. Plusieurs d'entre nous regardent le mot « cupidité » et pensent n'être pas concernés, mais laissez-moi vous donner d'autres mots pour cupidité : un esprit compétitif, ou de comparaison. Pourquoi nous comparons-nous aux autres ? À chaque fois que nous nous laissons aller à nous comparer aux autres, nous sentant lésés ou trompés, nous succombons à une attitude mentale destructrice : la cupidité ! « Comment se fait-il que le chef l'ait remarquée, elle, et pas moi ? », « Comment se fait-il que ce jeune gagne plus d'argent / conduise une meilleure voiture que moi ? », « Pourquoi a-t-elle eu cette promotion, alors qu'elle n'a pas travaillé aussi longtemps, et aussi dur que moi ? », « Pourquoi ont-ils un mariage heureux, et suis-je toujours dans la mauvaise relation ? »... Toutes ces pensées proviennent de la jalousie et de la cupidité. Nous ne sommes pas dans une course les uns contre les autres. Dieu nous a donné à chacun notre propre course à courir, et nous ne serons pas récompensés pour avoir battu les autres, mais pour avoir été fidèles avec ce que nous avons reçu. Vous courez votre propre course, alors courez-la bien ! Si nous avons un esprit compétitif, ou de comparaison, la cupidité grandit en nous. Bouddha a dit que la cupidité est l'un des karmas qui vous entraînent directement en enfer. Le bouddhisme est donc bien plus difficile que ce que les Occidentaux l'imaginent être. Cela n'a rien à voir avec la paix et vivre en harmonie avec la nature, et ce n'est pas tellement facile que vous pouvez faire tout ce que vous voulez. Ce n'est pas l'enseignement du bouddhisme.

. . .

P lus tard, dans le chapitre « Le roi Asoka et le python », nous verrons une illustration de « mano-gum ». Mais d'abord, nous allons regarder quelles sont les conceptions bouddhiste et chrétienne de l'enfer.

15

Y A-T-IL UN ENFER ?

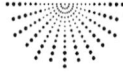

*L*es gens pensent généralement que, puisque le bouddhisme enseigne la réincarnation, les bouddhistes ne croient pas à l'enfer. Au contraire, les bouddhistes ont une idée très nette de l'enfer. Ils disent que les pécheurs se retrouveront face à des démons[1] qui leur ordonneront de « tomber dans une marmite de cuivre brûlante »[2] et de « grimper sur un arbre à coton à épines »[3]. Dans le Tripitaka[4], Bouddha parle à la fois du ciel et de l'enfer. Tout comme Jésus, Bouddha enseigna plus sur l'enfer que sur le ciel !

Il expliqua que les gens qui ont accumulé du karma iront à l'un des huit niveaux, ou fosses[5], de l'enfer, chacun représentant un plus grand degré d'intensité de chaleur et de tourment. Quiconque commet l'un des dix karmas, ou brise les cinq préceptes moraux (en thaï : « seen ha »), mourra et tombera en enfer.

1ère **fosse de l'enfer : « Sancheewa Narok » (enfer)**
Concerne ceux qui brisent la première loi morale basique (« seen ») : ceux qui tuent des animaux, des fourmis, des moustiques, d'autres êtres humains, ou se tuent eux-mêmes.

. . .

2ème **fosse de l'enfer** : « Galasutta Narok »
Concerne ceux qui brisent la deuxième loi morale basique :
les tricheurs et les voleurs.

3ème **fosse de l'enfer** : « Sangkata Narok »
Concerne ceux qui brisent la troisième loi morale basique :
ceux qui s'adonnent à l'immoralité sexuelle, la pornographie,
l'adultère, l'homosexualité, etc.

4ème **fosse de l'enfer** : « Roruwa Narok »
Concerne ceux qui brisent la quatrième loi morale basique :
ceux qui mentent, jurent, maudissent, racontent des blagues
vulgaires, parlent sans arrêt, ou parlent trop.

5ème **fosse de l'enfer** : « Maha-roruwa Narok »
Concerne ceux qui brisent la cinquième loi morale basique :
ceux qui boivent de l'alcool, ou font usage de drogues.

6ème **fosse de l'enfer** : « Dapana Narok »
Concerne ceux qui prennent plaisir au vice (« abayamuk »),
qui fait communément référence à toute forme de jeux, incluant les
cartes, les paris, les courses de chevaux, les machines à sous, et se
rendre au casino. De nombreux bouddhistes aiment justifier leur
péché, et se convainquent qu'ils peuvent jouer, parce que Bouddha
n'a jamais rien dit contre le jeu dans les cinq lois morales (« seen
ha »). Cependant, Bouddha a dit que le jeu vous amènera à la 6ème
fosse de l'enfer, qui est au-dessous des autres, et pire encore que
les cinq fosses réservées à ceux qui brisent chacune des « seen ha »
!

« Abayamuk » n'est pas un seul péché, mais une catégorie de
péchés. Une liste indique qu'il y a quatre péchés d'« abayamuk »,
une autre liste en donne six. Une personne coupable d'« abayamuk »
est appelée un « nakleng », qui désigne quelqu'un qui n'a ni peur ni

honte du péché, et qui provoquera souvent les autres en duel, les incitera à se saouler, à jouer, et à se laisser aller à d'autres vices.

Les quatre péchés d'« abayamuk » sont : 1) « nakleng pooying » – courir après les femmes, 2) « nakleng sura » – se saouler et inciter d'autres à boire, 3) « nakleng gan panan » – être un joueur professionnel, 4) avoir pour compagnie des gens mauvais.

Les six péchés d'« abayamuk » sont : 1) boire, 2) sortir le soir (dans le temps, il y avait très peu d'endroits où se rendre le soir, et sortir tard équivalait à faire des choses mauvaises), 3) aimer les divertissements, 4) jouer, 5) avoir pour compagnie des gens mauvais, 6) être trop paresseux pour aller au travail. Ces six vices peuvent en fait résumer le style de vie typique de quelqu'un qui n'a pas d'emploi. Aujourd'hui, beaucoup de gens qui peuvent travailler, mais vivent des allocations de chômage du gouvernement, seraient considérés coupables d'« abayamuk », selon Bouddha. Se rendre utile est une vertu du bouddhisme. Ne pas être productif est un grand vice qui mérite l'enfer.

7 **ème fosse de l'enfer :** « Maha-dapana Narok »
Concerne ceux qui brisent l'ensemble des cinq lois morales (« seen ha ») : non seulement ils mentent, mais couchent à droite à gauche, volent, tuent, et boivent de l'alcool. Ce ne serait pas exagéré de dire que presque chaque bouddhiste vivant aujourd'hui entrerait dans cette catégorie de personnes.

8 **ème fosse de l'enfer :** « Away-jee Narok »
C'est le niveau de l'enfer le plus connu, auquel on fait référence dans des dictons populaires, des menaces, et des chants traditionnels, comme par exemple : « Ne fais pas ça, ou bien tu iras au « Narok Away-jee »! »[6] Il concerne ceux qui tuent leurs parents, des moines, ou des bouddhas, et également ceux qui causent des divisions dans la communauté religieuse (ou des divisions d'église). Certains pasteurs seraient assez d'accord avec cela ! Même si vous ne faites cela qu'une seule fois, selon Bouddha, vous devez aller au pire niveau de l'enfer : « Narok Away-jee ».

Ce qu'il faut retenir, c'est que, si l'on croit Bouddha ou Jésus, il est très facile de se retrouver en enfer ! Bouddha a dit que ceux qui vont au ciel sont aussi nombreux que les cornes d'une vache, mais ceux qui vont en enfer sont aussi nombreux que les poils sur sa peau. Vous pouvez demander à un bouddhiste : « Qu'est-ce qui est en plus petit nombre, les cornes ou les poils ? »[7] S'il vous dit qu'il y a moins de cornes, alors vous pouvez lui répondre : « Combien connaissez-vous de gens ici qui suivent Jésus ? » Il vous dira qu'ils ne sont pas très nombreux (en Thaïlande, ils ne sont que 1%). Nous constatons tous qu'il y en a, tragiquement, vraiment peu ! Il y a moins de cornes que de poils.

Jésus nous enseigne que : « Large est la porte, spacieux le chemin qui mènent à la perdition, et il y en a BEAUCOUP qui entrent par là. Mais étroite est la porte, resserré le chemin qui mènent à la vie, et il y en a PEU qui les trouvent. » Qu'est-ce qui peut nous éviter de faire partie de cette masse de gens insouciants qui iront en enfer ? Jésus continue dans le verset suivant : « Gardez-vous des FAUX PROPHÈTES. Ils viennent à vous en vêtements de brebis, mais au-dedans ce sont des loups ravisseurs. » (Matthieu 7:13-15) Ceux qui prêchent qu'il n'y a pas d'enfer, et qui pourtant se disent bouddhistes ou chrétiens, ont l'apparence de brebis, mais Jésus nous avertit qu'à l'intérieur ce sont des loups ravisseurs. Ce sont des faux prophètes.

Les faux prophètes veulent que nous croyions que « l'enfer est un vieux concept religieux, inventé pour effrayer les gens, et ainsi les amener à l'obéissance, mais à l'époque où nous vivons aujourd'hui, nous ne pouvons croire ce genre de chose ! » Est-ce vraiment la vérité ? La science a révélé que la description biblique de l'enfer est étonnamment exacte. La Bible dit que l'enfer correspond aux profondeurs de la terre[8]. Sous la terre, il n'y a pas Atlas comme les Grecs le pensaient, ou une tortue comme les Indiens d'Amérique le pensaient, ou encore des éléphants comme les Védas hindous le pensent, mais des couches dont la température s'élève avec la profondeur. La température de la terre augmente jusqu'à 10°C tous les cent mètres de profondeur. La température du noyau de la terre est estimée à 6650°C. On a découvert que le soufre fait partie de la composition du manteau terrestre. Cet élément chimique vous ferait suffoquer à chaque fois que vous essayeriez d'inspirer. Nous ne comprenons toujours pas certaines des choses qui se passent là-dessous.

La Bible est précise et scientifiquement juste dans sa description de l'enfer. Il n'y aura plus d'eau à boire[9] (pouvez-vous imaginer ne plus étancher votre soif pour l'éternité ?), ni d'air frais à respirer[10] (pouvez-vous imaginer ne plus être capable de respirer normalement pour l'éternité ?), ni de lumière du soleil pour éclairer[11] (pouvez-vous imaginer une obscurité totale ?), ni d'occasion de se reposer[12] (pouvez-vous imaginer avoir besoin de dormir, mais ne jamais plus pouvoir le faire pour l'éternité ?), ni d'ami à qui parler[13] (pouvez-vous imaginer ne plus pouvoir parler à personne ?), ni de sens à l'existence (pouvez-vous imaginer qu'absolument personne ne se soucie de vous ? Si vous pensez que personne ne se soucie de vous aujourd'hui, essayez donc de laisser quelques échéances impayées !) Aucune de ces bonnes choses dont nous profitons sur la terre ne sera là, parce que l'eau, l'air, le soleil, le repos, le travail, et les amis, sont tous des bénédictions de Dieu, et l'enfer est dénué de toutes ses bénédictions.

Qu'est-ce qui y sera ? Toutes les mauvaises choses que nous ayons jamais rencontrées : la vermine, des vers, des serpents, des bêtes, ainsi que de terribles monstruosités[14]... qui toutes *vous* haïssent[15], parce qu'elles haïssent Dieu[16], et que vous avez été recréés à l'image et à la ressemblance de Dieu. Ces choses vous tourmenteront à jamais, et vous ne mourrez pas. En fait, vous aurez encore plus conscience des choses. Pouvez-vous l'imaginer ? Sur la terre, une piqûre ou une morsure peut vous tuer. En enfer, vous pouvez être piqué, mordu, battu, et brisé, sans jamais mourir.

Vous direz peut-être : « Je ne peux pas croire qu'un Dieu d'amour ait créé cet endroit qu'on appelle l'enfer. » Je comprends. Supposez que vous êtes Dieu, que feriez-vous ? Permettriez-*vous* aux menteurs d'aller au ciel ? Permettriez-*vous* aux violeurs d'aller au ciel ? Bouddha et Jésus ont tous deux bien réfléchi à cela, et en ont conclu que les pécheurs devaient aller en enfer pour que, moralement, ils soient punis, et pratiquement, ils soient tenus à l'écart de tous ceux qui seront au ciel. Autrement, comment Dieu peut-il rendre justice aux victimes, et protéger d'autres innocents, afin qu'ils ne deviennent pas les prochaines victimes ? Ce qui rend l'enfer si terrible, ce n'est pas Dieu, mais précisément l'opposé : c'est son absence ! Il lui suffit de rassembler tous les pécheurs, tant anges que descendants d'Adam, et ceux-ci créeront d'eux-mêmes un enfer au-delà de toute imagination.

En science médicale, il existe l'incident de l'« awareness », au cours duquel un patient subissant une intervention chirurgicale ressent tout ce qui lui arrive, mais ne peut communiquer avec personne. Un pasteur baptiste qui, pendant quinze minutes, ressentait qu'il était en train d'être opéré, a été tellement traumatisé qu'il s'est suicidé. Et ce n'était que pendant quinze minutes ! En enfer, ce ne sera pas juste quinze minutes de douleur, mais une éternité. L'enfer est une prison de laquelle vous ne pouvez jamais vous échapper.

Vous direz peut-être : « L'enfer est sur terre. » Ce n'est que partiellement vrai, parce qu'il y a aussi beaucoup de bien sur terre. Dieu merci, nous avons droit à une période d'essai sur la terre, où nous voyons un peu du ciel et un peu de l'enfer, et avons à choisir lequel nous voulons pour l'éternité. Je suis certain que ceux qui ont vécu l'« awareness », ou vu l'horreur de la guerre sous leurs yeux, pensent qu'ils ont goûté à l'enfer. Mais sur la terre, la chirurgie se termine, et les guerres finissent par s'arrêter. En enfer, il n'y a pas de Dieu pour les arrêter. L'enfer est la demeure de toute personne et tout être mauvais. Je connais beaucoup de gens malades qui souhaiteraient être morts, parce qu'ils espèrent mettre fin à leur douleur. Cependant, à moins qu'ils soient sauvés, qu'est-ce qui les attendra après leur mort ? Tristement, la même chose, mais encore plus intensément, et ne durant pas quelques semaines, mais pour l'éternité. Cela doit être si horrible à réaliser pour ceux qui meurent sans avoir cru en Jésus.

Personne ne doit aller en enfer. Dieu ne veut pas qu'aucun aille là-bas. Ce n'est pas Dieu qui envoie les gens en enfer, c'est le diable, qui a légalement le droit d'arracher et de s'approprier tout pécheur. *« Ne savez-vous pas qu'en vous livrant à QUELQU'UN comme esclaves pour lui OBÉIR, vous êtes esclaves de CELUI à qui vous obéissez...? »* (Romains 6:16). Ce n'est pas Dieu qui est derrière tous ces tourments, mais le diable, que nous adorons lorsque nous fermons les yeux sur notre façon de vivre dans le péché, refusons de nous repentir et de croire en Jésus. L'enfer existe.

Quand je témoigne à des bouddhistes, la toute première pensée que j'ai à cœur, c'est que, même si la Bible s'avère avoir tort, nous n'aurons rien perdu ; en fait, nous aurons profité d'une belle vie chrétienne. Par contre, absolument rien ne pourra nous racheter de notre perte si la Bible dit vrai, et que nous avons choisi de vivre dans le péché et de rejeter Dieu. S'il y a une chance sur un million que Jésus ait dit vrai, et que nous finissions dans cet endroit abominable, nous nous devons à nous-mêmes de chercher à savoir, avant de mourir, qui est vraiment Jésus !

🪷 🪷 🪷

QUESTION et RÉPONSE

Irai-je en enfer simplement parce que je ne crois pas en Jésus ?

Non. Les gens vont en enfer parce qu'ils sont des pécheurs. Vous mourrez, et irez en enfer, seulement si vous restez pécheur.

La personne qui pèche est un pécheur. *« L'âme qui pèche, c'est celle qui mourra. »* (Ézéchiel 18:4) Jésus a dit : *« C'est pourquoi je vous ai dit que vous MOURREZ DANS VOS PÉCHÉS; car si vous ne croyez pas ce que je suis, vous MOURREZ DANS VOS PÉCHÉS. »* (Jean 8:24). Les pécheurs meurent à cause de leurs péchés. Refuser de croire en Jésus n'est pas la raison pour laquelle ils meurent.

Certains prédicateurs ont rendu populaire l'idée que le seul péché qui condamnera une personne à aller en enfer, c'est le « péché de ne pas croire en Jésus ». Par conséquent, beaucoup de chrétiens ont dit à des pécheurs qu'ils iront en enfer parce qu'ils ne croient pas en Jésus. Ceci est non seulement non-scripturaire, mais aussi offensant. Les gens le prendront vraiment mal : « Êtes-vous en train de dire que je vais en enfer parce que je ne suis pas chrétien ? » Cela n'a pas de sens pour les gens, en général.

Le Nouveau Testament dit : *« ...tous les menteurs, leur part sera dans l'étang ardent de feu et de soufre. »* (Apocalypse 21:8) Jean dit : *« Quiconque hait son frère est un meurtrier, et vous savez qu'aucun meurtrier n'a la vie éternelle... »* (1 Jean 3:15) Paul dit : *« Ne vous y trompez pas : ni les débauchés, ni les idolâtres, ni les adultères, ni les homosexuels, ni les voleurs, ni les cupides, ni les ivrognes, ni les outrageux, ni les ravisseurs, n'hériteront le royaume de Dieu.* » (1 Corinthiens 6:9-10)

Le Nouveau Testament enseigne clairement que les gens iront en enfer à cause des différents péchés dont ils seront coupables :

- pour avoir menti [brisant le neuvième commandement],
- pour avoir haï [brisant le sixième commandement],
- pour avoir forniqué [eu un rapport sexuel avec le futur conjoint de quelqu'un d'autre, brisant le septième commandement],
- pour avoir adoré des idoles [brisant le deuxième commandement],
- pour avoir commis un vol [brisant le huitième commandement],
- pour avoir convoité [brisant le dixième commandement],
- pour avoir injurié [calomnié ou blasphémé, brisant le troisième commandement],
- pour avoir extorqué [fait mauvais usage de l'autorité pour obtenir de l'argent, brisant les huitième et dixième commandements].

D'où vient donc cette idée, que les pécheurs vont en enfer parce qu'ils ne croient pas en Jésus ? D'après mes recherches, elle viendrait de certains commentaires populaires parmi des pasteurs du XVIIIème et XIXème siècles (je fais mieux de ne pas les nommer, parce que cela ne serait pas marcher dans l'amour). Ces commentateurs réputés ne se basent que sur un verset de l'Écriture pour élaborer cette doctrine : « Et quand il [le Saint-Esprit] sera venu, il convaincra le monde en ce qui concerne le péché, la justice, et le jugement : en ce qui concerne le péché, parce qu'ils ne croient pas en moi. » (Jean 16:8-9)

Le mot « péché » est écrit au singulier, impliquant qu'il n'y a qu'un seul péché qui condamne l'âme. Cette interprétation laisse de côté tant d'autres versets, parmi lesquels les quatre que nous venons juste de citer. De plus, le mot péché est au singulier à bien d'autres endroits, faisant référence à la catégorie « péché », sans entrer dans les détails. Par exemple : « … pour que nous [chrétiens] ne soyons plus esclaves du péché » (Romains 6:6). Cela fait-il seulement référence au péché d'incrédulité ? Ou Paul était-il en train de parler de tous les péchés charnels que nous, chrétiens, devrions éviter, comme le suggère le contexte ?

Jésus a dit que le Saint-Esprit convaincra le monde en ce qui concerne le péché, *parce qu'ils ne croient pas en lui*. Cela pourrait vouloir dire que le seul péché duquel le Saint-Esprit nous convaincra, c'est le péché d'incrédulité. Ou alors, cela pourrait simplement vouloir dire que le ministère du Saint-Esprit, c'est de montrer au monde ce qu'est le péché, de convaincre le monde qu'ils sont pécheurs, et que, jusqu'à ce qu'ils reçoivent Jésus, ils resteront des pécheurs qui ont besoin d'être convaincus en ce qui concerne leur état. Cette dernière interprétation à la fois correspond au reste des Écritures, et cela a du sens pour le pécheur !

Le jour où j'ai été sauvé, je n'ai pas été convaincu d'incrédulité en Jésus-Christ. Non ! Je n'avais pas encore de relation personnelle avec Jésus-Christ. J'étais convaincu par mes propres péchés, qui formaient une liste trop longue et trop embarrassante pour les dire à qui que ce soit. Le Saint-Esprit a révélé à mon cœur mes failles sur le plan moral, la fraude, et la responsabilité que j'avais d'avoir blessé d'autres personnes, et pour tout cela, je savais que je méritais d'aller en enfer.

C'est seulement après avoir été sauvé, et avoir développé une relation personnelle avec Jésus, que je réalisai que ne pas croire en lui est un péché grave. Il est si bon, il m'aime tant, et sa Parole est toujours la vérité, alors pourquoi devrais-je jamais douter de lui ?

La méthode moderne d'évangélisation tend à ignorer les lourdes conséquences du péché, et c'est pourquoi les pécheurs se retrouvent confus, et se demandent pourquoi un Dieu qui les aime les enverrait en enfer. Ils pensent qu'ils ne sont vraiment pas de si mauvaises personnes. Cependant, un Dieu aimant et pur connaît la vérité sur chaque pécheur, et il protégera tous ceux qui sont au ciel d'un menteur, d'un voleur, d'un fornicateur, d'un meurtrier, etc. Il le doit !

B ouddha ne prêchait pas ses cinq, huit, 227, ou même 311 commandements avec retenue. Jésus, Jean et Paul ne prêchaient pas non plus les Dix Commandements de Dieu avec retenue. Le problème de n'être pas capable de respecter la loi conduit les gens à la solution qui est offerte au Calvaire. « Ainsi la loi a été comme un précepteur pour nous conduire à Christ, afin que nous soyons justifiés par la foi. » (Galates 3:24)

Les gens ne vont pas en enfer parce qu'ils ne sont pas chrétiens. Les gens vont en enfer parce qu'ils sont pécheurs. Refuser de croire en Jésus ne vous amènera pas en enfer, mais croire en Jésus est la seule façon pour vous d'échapper à l'enfer. Comment pouvons-nous échapper à la condamnation que nous méritons ? En nous repentant, et en acceptant que Jésus a payé pour nos nombreux péchés.

16

LA RÉINCARNATION

*S*i Bouddha enseignait si clairement sur l'enfer, quelle place accordait-t-il à la doctrine de la réincarnation ? Avant de répondre à cela (et plusieurs chapitres seront dédiés à cette question cruciale), tâchons de comprendre un peu mieux ce qu'est la réincarnation.

En Occident, une minorité grandissante de gens (dont un cinquième d'Américains[1]) affirment qu'ils croient à la réincarnation. Bien que cela semble agaçant pour certains pasteurs chrétiens, je crois que ce concept bien connu du bouddhisme ouvre la voie au christianisme ! C'est l'un des meilleurs enseignements de Bouddha ! Et je pense que c'est le meilleur allié du chrétien ! Je souhaite que tout le monde comprenne cela, parce qu'il est si simple de conduire à Christ quelqu'un qui comprend réellement *pourquoi* Bouddha a parlé de la réincarnation.

Laissez-moi poser cette simple question : pourquoi quelqu'un devrait-il avoir besoin d'être réincarné ? La réponse la plus courte est : « C'est ce que Bouddha a enseigné. » Mais cela n'indique pas *pourquoi* il l'a enseigné. Pourquoi a-t-il dit que les gens allaient devoir revenir ?

Revenons-en aux bases : les bouddhistes croient que la vie est faite de souffrance, et, comme qui que ce soit d'autre, se plaignent au sujet de leur santé, de leur patron, de leur salaire, des hommes politiques, de leurs collègues, épouse, et belle-famille. Aucun bouddhiste ne *veut vraiment* être réincarné. L'idéal, pour un bouddhiste, est que chaque personne vive une belle vie, sans pécher, en accumulant beaucoup de mérite, et sorte de cette « roue de la souffrance ».[2]

Pourquoi Bouddha a-t-il enseigné que la plupart des gens n'atteindront pas cet idéal, mais devront, à la place, être réincarnés ? Parce que leur péché ou leur karma[3] sera toujours là. **Nous souffrons dans la vie à cause de notre karma.** Chaque bouddhiste le sait bien. Voici ce qu'était le premier enseignement de Bouddha : il y a de la souffrance. Bouddha était sage. À la question « Bouddha, pourquoi y a-t-il de la souffrance ? », il répondait en expliquant que c'est à cause de notre karma. C'est ce qu'il a enseigné en deuxième. Et il avait raison ! Comment pouvons-nous échapper au karma ? La prochaine réponse que donne Bouddha nous mène à la réincarnation.

Ce qu'enseigne la réincarnation, c'est que notre péché est tellement mauvais, que nous aurons à payer pour cela durant cette vie ; mais, lorsque nous serons morts, tout ne sera pas fini. Ce n'est pas suffisant. Nous devrons revenir, et continuer de payer pour notre péché ! De plus, quand nous naissons dans une prochaine vie, nous n'aurons toujours pas payé pour la totalité de notre karma, et en fait, nous en aurons sans doute accumulé davantage, et nous devrons donc à nouveau venir payer pour cela. Nous continuerons de payer, et de payer, encore et encore, parce qu'une seule vie ne suffit pas à nous racheter de tous nos péchés : le péché est terrible à ce point-là.

Cette croyance est une bonne alliée pour l'évangélisation ! Une personne se sent vraiment condamnée, quand elle comprend ce que sa propre religion enseigne. Vous vous trouvez dans un cercle vicieux et complètement sans espoir, selon Bouddha lui-même. N'est-ce pas puissant ?

Et pourtant, de nombreux chrétiens, missionnaires et pasteurs dans les pays bouddhistes ne savent pas que Bouddha a enseigné cela, parce qu'ils ont plus tendance à lire des livres chrétiens écrits par des auteurs occidentaux. Quant aux quelques-uns qui le savent, ils ne mettent pas en avant les similitudes entre le bouddhisme et le christianisme. J'ai rencontré un pasteur qui avait été un moine bouddhiste pendant plusieurs années, avant de devenir un pasteur pentecôtiste. Il avait l'habitude d'utiliser ces ressemblances pour construire des liens avec des bouddhistes, mais maintenant, son attitude est moins amicale. C'est comme s'il avait été chrétien et pasteur depuis si longtemps, que tout ce qu'il parvient à dire du bouddhisme, c'est : « Je le hais. C'est le mal. C'est mauvais. »

Je suis sûr qu'il conduit beaucoup de gens au Seigneur en utilisant la méthode occidentale traditionnelle, parce que la Parole de Dieu est puissante. Chaque fois que quelqu'un déclare la Parole de Dieu, cela produira des résultats. Alors, ce n'est pas grave si certains chrétiens ne souhaitent pas construire de liens. Tout le monde a des techniques différentes, et ce que je vous présente est l'une des façons. Je ne fais que vous équiper d'un outil supplémentaire pour votre boîte à outils interculturelle. Si vous le gardez dans un coin de votre cœur, cela pourrait vous aider à comprendre le prochain bouddhiste avec qui vous parlerez.

QUI A ÉCHAPPÉ À LA RÉINCARNATION ?

La plupart des bouddhistes diraient que nous ne savons pas qui y a échappé depuis Bouddha. Bouddha avait originellement cinq disciples. Ces cinq disciples allèrent ensuite enseigner ce qu'ils avaient appris de lui. Par tradition, on accepterait que ces cinq ont effectivement brisé le cycle, et atteint le nirvana[4]. Cependant, mis à part ces cinq-là, nous ne savons pas vraiment qui d'autre aurait été capable d'y parvenir.

Garder parfaitement la totalité des 227 commandements de Bouddha est impossible à faire, et c'est ce qui les rend si intéressants ! Ils forcent les gens à être honnêtes sur qui ils sont : des pécheurs. Leur rôle est semblable à celui de la loi mosaïque : un niveau impossible à atteindre, qui démontra la sainteté de Dieu, et enseigna aux Juifs qu'ils ne pourraient jamais devenir justes par leurs propres efforts, sans Dieu.

Les rabbins juifs, bien sûr, trouvèrent des moyens de justifier leurs failles sur le plan moral, au lieu de se repentir humblement, et de rechercher le sang expiatoire du Sauveur. Certains bouddhistes font la même chose. Ils savent que s'ils tuent une poule, ils devront renaître en poule, qui sera tuée à son tour. Plutôt que de se repentir et croire au sang purificateur du Sauveur, beaucoup de bouddhistes justifieront leur péché. Avant de tuer la poule, ils lui parleront : « Je vais t'aider à te réincarner plus vite, d'accord ? Alors, s'il te plaît, pardonne-moi de te tuer. » Ni Bouddha ni Jésus n'ont enseigné cela. Ils ne veulent pas que nous trouvions des détours sur le plan moral. Dieu veut que nous réalisions que nous ne pourrons jamais être justes sans lui. Lui, au travers de Jésus-Christ, désire nous impartir la justice.

La joie du ciel bouddhiste est que, lorsque vous partez, vous ne revenez pas. Vous cessez d'avoir conscience des choses. La joie du ciel chrétien est que nous allons continuer de vivre une relation des plus passionnantes avec un Dieu bon ! Toutes les joies que nous avons connues durant notre vie ne seront rien comparées à la joie d'être unis au créateur de la Joie et de l'Amour, et de toute bonne chose que nous avons expérimentée sur la terre !

🌸 🌸 🌸

QUESTIONS & RÉPONSES

Qu'est-ce qui est négatif dans la croyance à la réincarnation ?
Comme je l'ai dit auparavant, je crois que les chrétiens ne devraient pas se sentir menacés par quiconque croit à la réincarnation. Pourquoi les bouddhistes croient-ils que nous devrions revenir encore et encore ? Parce que nous sommes pécheurs ! Il nous faut payer pour tous nos péchés, et souffrir le temps d'une vie n'est pas suffisant. La réincarnation illustre l'impossibilité de payer pour nos péchés durant une seule vie. En effet, les péchés de quelqu'un ne pourront jamais être effacés par ses bonnes œuvres. La Bonne Nouvelle devient une bonne nouvelle pour le bouddhiste, quand il réalise que Jésus est la seule personne sans péché, qui a brisé le cycle de la souffrance, et qui peut briser ce cycle également dans nos vies.

Cependant, je ne crois pas à la réincarnation. Tout d'abord, la Bible me dit clairement qu'« il est réservé aux hommes de MOURIR UNE SEULE FOIS, après quoi vient le jugement » (Hébreux 9:27).

Deuxièmement, la réincarnation va à l'encontre de tout ce que nous pouvons observer. La croyance est que, si nous faisons le bien, nous reviendrons sous une forme de vie supérieure ; mais si nous faisons le mal, nous devrons revenir sous une forme de vie inférieure, et faire en sorte de nous élever à nouveau. Si c'était vrai, alors pourquoi ne voyons-nous pas de moustiques, de mouches, ou de cafards au comportement irréprochable ? Après tout, le moustique qui m'a piqué pourrait être mon oncle, qui essayerait d'être promu à une forme de vie supérieure. Tous les animaux que j'ai vus au cours de ma vie ont toujours agi d'instinct, sans se préoccuper des aspects moraux. Cela va à l'encontre de la réincarnation.

Troisièmement, comme Scott Noble l'a si adroitement écrit, si la réincarnation est réelle, « pourquoi n'est-elle pas évidente pour les milliards de personnes dans le monde, sans tenir compte de leur arrière-plan culturel ? Pourquoi les bébés ne peuvent-ils pas parler la langue de leur « vie antérieure »...? » À ceux qui affirment se souvenir de leurs vies passées, Nobel demande : « Pourquoi une personne a-t-elle besoin d'être sous hypnose, ou dans un autre état de conscience en méditant, dans le but d'avoir ce genre de « souvenirs » ? »[5] Nous savons que les témoignages de ceux qui ont été hypnotisés auparavant ne peuvent être acceptés comme preuves au tribunal. Les psychologues appellent cela le « syndrome de la fausse mémoire ». Certains chrétiens l'appelleraient « possession démoniaque ».

Quatrièmement, ce que beaucoup d'Occidentaux ne réalisent pas, c'est que la plupart de ceux qui croient à la réincarnation sont **racistes**. La réincarnation est apparue dans l'hindouisme, religion basée sur un système de castes. Les hindous croient qu'être né avec une peau foncée est le résultat d'un mauvais karma, mais qu'être né avec une peau blanche est un signe de bon karma. Le terme « aryen », que les nazis utilisaient pour désigner une « race supérieure », vient en fait d'un mot sanskrit qui signifie « noble ». (Comme dans « arya sat yani » en sanskrit, ou « ariya sat si » en thaï, qui signifient les « quatre nobles vérités ».) Adolf Hitler élabora ses plans racistes à partir de deux sources anti-chrétiennes : l'évolution et l'hindouisme. Presque tous les hindous et les bouddhistes qui croient à la réincarnation souhaitent avoir une peau plus blanche dans leur prochaine vie, puisque les aryens sont en haut du système des castes. Les Occidentaux sont généralement choqués de réaliser cela. Ils croient en l'égalité des races, à cause de leur arrière-plan chrétien. Bien que beaucoup de gens en Occident ne soient plus des chrétiens pratiquants, la vérité de la Parole de Dieu a néanmoins été enseignée pendant des siècles. Les mouvements abolitionnistes des XVIIIème et XIXème siècles étaient conduits par des chrétiens qui croyaient à la Bible, comme William Wilberforce et Abraham Lincoln. Le monde doit tant de sa liberté actuelle à Christ et aux chrétiens. Si nous laissons notre héritage chrétien être évincé de nos écoles occidentales, de nos gouvernements, et de nos lois, nous allons perdre le fondement même de notre culture, de nos valeurs, et de nos libertés, pour lesquelles des chrétiens se sont battus, afin que notre société soit bénie. C'est un danger pour nos enfants, et nous devons en être conscients.

Il est peu probable, à mon avis, que Bouddha Gautama croyait à la réincarnation. Bouddha n'était pas raciste, et il ne croyait pas au système des castes hindou. Autrement, pourquoi un prince (de la plus haute caste) quitterait-il son palais pour vagabonder comme un mendiant (de la caste la plus basse) ?

P**ourquoi les gens croient-ils que Bouddha a enseigné la réincarnation ?**

La réincarnation est un concept hindou. Bouddha a rejeté l'hindouisme. Comment donc la réincarnation se retrouve-t-elle aujourd'hui partie intégrante du bouddhisme ? Je ne peux suggérer que trois possibilités.

D'abord, considérez l'éventualité d'une mauvaise interprétation. Ce que Bouddha a clairement enseigné, c'est le « cycle de la souffrance », le cycle de la vie[6], où les gens souffrent de leur naissance jusqu'à leur mort. Les chrétiens diraient que les gens pèchent, puis meurent. C'est à l'évidence l'état dans lequel se trouve actuellement ce monde perdu. Bouddha a réfléchi aux souffrances qui viennent avec l'âge, la maladie et la mort, et les a appelées la « roue de la vie ». Se pourrait-il que les bouddhistes, plus tard, aient mal interprété cela, en pensant à la « roue de la réincarnation » ?

Facilement. Dire qu'il y a un cycle de la vie n'est pas la même chose que d'avancer que les singes renaissent en humains s'ils se comportent bien, ou bien les hommes à la peau foncée renaissent en hommes blancs s'ils font le bien. Bouddha était un homme de bon sens qui voulait des preuves, or la réincarnation ne peut pas en donner.

Deuxièmement, considérez le facteur historique. Puisque deux cents à mille ans s'écoulèrent entre l'époque où Bouddha vivait et la rédaction du Tripitaka, il y a eu suffisamment de temps pour que la religion hindoue dominante (celle que Bouddha avait rejetée) réaffirme ses idées dans le bouddhisme. L'hindouisme, étant une croyance pluraliste, est capable d'engloutir d'autres traditions rencontrées, pour préserver son statut en Inde.

Troisièmement, considérez le facteur culturel. Bouddha a quitté l'hindouisme, mais en tant qu'Indien natif, il se peut qu'il ait fait référence à des idées hindoues par rapport à ses auditeurs hindous. Faire référence à la réincarnation ne revient pas à l'approuver ! Réfléchir avec attention au sens de la réincarnation aide vraiment les gens à comprendre quelles sont les lourdes conséquences du péché.

Ce facteur culturel est en harmonie avec les autres enseignements de Bouddha. Par exemple, il avait sûrement réalisé que ce n'était pas le fait de manger de la viande ou non qui faisait entrer quelqu'un au ciel. Il fit lui-même preuve de plus de souplesse après ses six années de jeûne, et commença à enseigner la « modération ». Pourtant, il déconseillait fortement à ceux qui le suivaient de manger de la viande. Qu'est-ce que le fait d'être végétarien a à voir avec le salut de l'âme ? Rien. Cependant, cela prend tout son sens, quand on veut être sensible à la culture hindoue dans laquelle vivait Bouddha.

L'hindouisme dit aux Indiens que la vache est leur dieu. Si les bouddhistes qui vivent en Inde mangeaient du bœuf, ils seraient en train de manger le dieu de quelqu'un d'autre ! En fait, les bouddhistes qui vivent ailleurs qu'en Inde ne sont pas soumis aux mêmes restrictions culturelles. Presque 100% d'entre eux mangent de la viande, et pourtant, ils se disent bouddhistes sans la moindre hésitation. Il était nécessaire aux bouddhistes vivant dans une culture hindoue d'être végétariens, mais pas à ceux qui vivent ailleurs. Je crois que **Bouddha a sûrement fait la même chose avec la réincarnation qu'avec le fait d'être végétarien, c'est-à-dire, s'en servir dans une perspective culturelle !**

Encore aujourd'hui, nous voyons que Bouddha était sage d'ordonner que l'on s'abstienne de viande. S'il avait été ouvertement en désaccord avec les hindous, la violence aurait pu éclater ; ce fut le cas en 1999, quand le missionnaire australien Graham Staines fut brûlé vif avec ses deux fils (de sept et neuf ans), alors qu'ils dormaient dans leur voiture dans l'Orissa. Il avait fait de l'évangélisation et du travail humanitaire en Inde depuis 1965. Quelle était la raison de ce meurtre cruel ? Les condamnés Dara Singh et Mahendra Hembram ont dit que des gens qui s'étaient convertis avaient été irrespectueux envers l'hindouisme, en mangeant du bœuf après être devenus chrétiens !

L'apôtre Paul nous donne ces bons conseils :

1 CORINTHIENS 8:13

13 C'est pourquoi, si un aliment scandalise votre frère [selon les cultures, manger ou boire certaines choses est scandalisant], **je ne mangerai jamais de viande, afin de ne pas scandaliser mon frère.**

ROMAINS 14:19-21

19 Ainsi donc, RECHERCHONS ce qui contribue à la PAIX [incluant une sensibilité aux différentes cultures] **et à l'édification** [à la croissance] **mutuelle.**

20 POUR UN ALIMENT, ne détruis pas l'œuvre de Dieu. En vérité toutes choses sont pures [nous pouvons manger de tout sous la nouvelle alliance]; **MAIS il est mal à l'homme, quand il mange, de devenir une pierre d'achoppement** [nous ne devrions rien manger qui compromette la conscience d'autrui].

21 Il est bien de NE PAS MANGER DE VIANDE, de NE PAS BOIRE DE VIN, et de s'abstenir de ce qui peut être pour ton frère une occasion de chute, de scandale ou de faiblesse.

ROMAINS 15:1-3

1 Nous qui sommes forts [ceux qui connaissent leur liberté en Christ, et savent que la nourriture n'affecte pas notre salut sont dits « forts »], **nous devons supporter les faiblesses de ceux qui ne le sont pas** [ceux qui se plient à de nombreuses restrictions alimentaires sont dits « faibles »], **et ne pas chercher ce qui nous**

plaît [nous ne devons pas abuser de notre liberté ni de notre force, mais les utiliser pour aider les autres].

2 Que chacun de nous plaise au prochain [incluant ceux qui ont une autre culture] **pour ce qui est bien en vue de l'édification.**

3 Car Christ n'a pas cherché ce qui lui plaisait...

Paul n'était certainement pas végétarien, mais comme Bouddha, il avait une approche culturelle pragmatique. Si faire référence au « dieu inconnu » pouvait aider les adorateurs de l'idole grecque à comprendre Christ, il allait donc prêcher le « Dieu inconnu » ! Si s'abstenir de bœuf ou de vin peut aider notre ami hindou ou musulman à accepter Christ plus facilement, alors pourquoi ne pas s'en abstenir ? Bouddha n'aurait pas hésité à utiliser la réincarnation comme illustration pour expliquer les lourdes conséquences du péché, parce que ses auditeurs étaient hindous. Mais comment aurait-il pu y adhérer, sachant qu'elle est basée sur un système de castes, et raciste ?

17

LE BOUDDHISME ET LES FEMMES

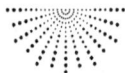

*D*ans le chapitre précédent, nous avons vu que les Occidentaux sont choqués de réaliser que la doctrine de la réincarnation est raciste. Mais ils sont également choqués quand ils découvrent que la doctrine de la réincarnation est aussi **sexiste**. Il est toujours préférable d'être réincarné en homme qu'en femme. Voici l'une des raisons pour lesquelles les parents chinois ont acquis la réputation de se débarrasser de leurs petites filles, bien avant la « politique de l'enfant unique »[1] des communistes. Les femmes n'ont pas le même statut que les hommes. Les nonnes bouddhistes doivent observer 311 lois, tandis que les moines en ont 227 à garder. Puisque les femmes sont considérées inférieures, elles ont 84 lois de plus que les hommes pour contrôler leur chair !

Une femme qui a ses règles ne peut entrer dans le temple ni s'approcher d'un moine, car elle est impure. Une femme ne peut jamais donner de nourriture à un moine directement dans ses mains, et elle ne peut rien recevoir directement de lui non plus (un homme peut faire les deux). Une femme doit prendre les choses sur le sol, et non d'un moine. Il n'y a pas d'égalité des sexes dans le bouddhisme.

Les nonnes ordonnées restent rares dans le bouddhisme. Lorsqu'une femme a été ordonnée nonne bouddhiste au Sri Lanka en 1998, cela a fait la une ! Aujourd'hui encore, la Thaïlande n'ordonne pas de nonnes[2], mais malgré cela, certaines féministes entreprennent de créer leur propre « sangha » (communauté religieuse).

Dans le christianisme, on a longtemps enseigné que toutes les personnes sont égales devant Dieu. « Il n'y a plus ni Juif ni Grec, il n'y a plus ni esclave ni libre, il N'Y A PLUS NI HOMME NI FEMME; car TOUS vous êtes UN en JÉSUS-CHRIST. » (Galates 3:28). La Bible reconnaît les femmes dans le leadership et dans le ministère. Les valeurs bibliques ont littéralement des milliers d'années d'avance sur notre temps.

Certaines personnes ne croient pas cela, parce qu'elles ont lu dans d'autres passages que les femmes doivent obéir à leur mari. Elles l'interprètent mal et trouvent cela sexiste. Mais ces mêmes passages disent aussi aux employés d'obéir à leur patron ! Pierre et Paul ne disaient pas aux maris de regarder leur femme de haut, pas plus qu'ils ne disaient aux patrons de regarder de haut leurs employés. Nous avons tous la même valeur, mais nous jouons tous des rôles différents, à la maison comme au travail. Tout est bien réglé. Cela ne signifie pas que nous avons moins de valeur, ou que nous sommes plus importants. Dieu nous aime tous de la même façon. La voie du salut est exactement la même pour une femme que pour un homme, pour un juif que pour un non-juif : « *Il n'y a aucune différence, en effet, entre le Juif et le Grec, puisqu'ils ont tous un même Seigneur, qui est riche pour TOUS CEUX qui l'invoquent.* » (Romains 10:12)

🌸 🌸 🌸

QUESTION et RÉPONSE

Q uelle est l'opinion du dalaï-lama sur la réincarnation ?
Voilà une question intéressante. Au début de l'année 2008, avant les Jeux Olympiques en Chine, les bouddhistes tibétains ont protesté violemment contre le gouvernement chinois. Pour que les bouddhistes restent sur la voie de la « non-violence », le dalaï-lama a menacé de « démissionner », si la violence s'intensifiait. D'un point de vue politique, c'était une

manœuvre astucieuse pour montrer au gouvernement chinois que son but n'est pas d'être indépendant de la Chine, mais que les Tibétains puissent vivre « côte à côte » avec les Chinois. D'un point de vue théologique, cependant, comment serait-il possible pour lui de démissionner, s'il est la quatorzième réincarnation de Guanyin ?

Ce qui est encore plus déroutant, c'est la façon dont le dalaï-lama, âgé de plus de soixante-dix ans, se prépare à sa mort. La question politique qui se pose pour des millions de Tibétains et de Chinois est : « Que se passera-t-il après sa mort ? » Le dalaï-lama a suggéré qu'« il y ait un référendum parmi les bouddhistes tibétains du monde entier, pour savoir s'il devait être réincarné. S'ils sont pour, il dit qu'il pourrait désigner de son vivant celui en qui il se réincarnera, plutôt que d'attendre qu'il renaisse en tant que petit enfant après sa mort. »[3]

Tandis que personne ne contredirait que choisir un successeur avant sa mort est la meilleure solution politiquement parlant, cela nous fait cependant nous poser au moins deux questions concernant sa croyance à la réincarnation : 1) Qui a le pouvoir de choisir en qui il se réincarnera *avant* qu'il ne meure ? Même Bouddha ne le pouvait pas ; 2) Comment d'autres gens pourraient-ils voter, en ce qui concerne votre réincarnation ? Bouddha n'a jamais enseigné cela, alors d'où vient donc cette idée ?

Si le chef de l'une des sectes principales du bouddhisme est partagé sur la réincarnation, je peux vous dire que la plupart des bouddhistes que je rencontre le sont aussi. Beaucoup d'entre eux ne s'attendent pas à être réincarnés, mais croient que leur âme éternelle ira au ciel ou en enfer après leur mort. Cette conviction ne peut pas être effacée de la conscience des gens par des concepts religieux, parce que Dieu a mis « dans leur cœur la pensée de l'éternité » (Ecclésiaste 3:11). Nous sentons tous qu'après notre mort, tout ne sera pas terminé.

LE ROI ASOKA ET LE PYTHON

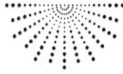

TROIS HISTOIRES POUR UNE COMMUNICATION INTERCULTURELLE

*N*ous allons voir trois histoires bouddhistes qui démontrent à quel point les concepts du karma et du péché sont proches. Vous pouvez vous en servir à n'importe quelle occasion, pour expliquer aux bouddhistes quelles sont les ressemblances entre le bouddhisme et le christianisme. De toutes les histoires bouddhistes, ce sont celles sur lesquelles on devrait le plus insister, mais c'est rarement le cas chez les Occidentaux. Vous serez parmi les tout premiers à en lire une traduction dans votre propre langue. Êtes-vous prêt ?

- La première histoire s'appelle *Le roi Asoka et le python*
- Ensuite, ce sera *La tortue aveugle*
- Enfin, la troisième est tirée des dernières paroles de Bouddha, et contient une série d'histoires sur *Le brahmane qui demanda à être libéré du karma*, *L'ange et la pierre*, et *Le gongjak et la luciole*.

Vous pouvez utiliser ces trois histoires à tout moment avec un bouddhiste, ou avec n'importe quelle personne qui croit au karma.

❈ ❈ ❈

Bouddha a enseigné quels sont les dix pires karmas, ou les dix voies mortelles, qui sont : les trois karmas physiques, les quatre karmas verbaux, et les trois karmas mentaux. (Remarquez qu'ici le mot karma est employé dans un sens négatif, il s'agit de *mauvais* karmas ; c'est presque toujours le cas.) Juste au cas où nous pourrions penser qu'il y a une échappatoire possible aux dix commandements de Bouddha, l'histoire qui va suivre nous donne un exemple explicite de péché mental. Cette histoire bouddhiste illustre quelle est la conséquence qu'entraîne même le moindre de tous ces karmas. C'est une histoire bien connue, que vous pouvez utiliser avec n'importe quel bouddhiste.

Le roi Asoka et le python

Voici l'histoire qui raconte comment le père du roi Asoka a été transformé en serpent. Beaucoup d'histoires bouddhistes sont racontées en paraboles, ce ne sont donc pas nécessairement des faits réels. Les paraboles illustrent une vérité enseignée dans le bouddhisme.

Tout d'abord, vous êtes peut-être en train de vous demander qui est ce roi Asoka. C'était un ancien roi indien, qui accéda au trône en tuant tous ses demi-frères, ne laissant en vie que son unique frère germain. Puis, il se convertit au bouddhisme. Son nom est bien connu parmi les bouddhistes, parce qu'il est réputé pour avoir répandu le bouddhisme deux cents ans après la mort de Bouddha. En pali-sanskrit, son nom est « Ashoka », ou « sans tristesse ». Son titre complet en thaï est « Praya-Asoke-Maha-Raj », qui pourrait être translittéré par « pharaon-heureux-grand-Raj ». Le roi Asoka est un personnage très important dans l'histoire du bouddhisme. Voici une légende qui lui est associée.

Quand le père du roi Asoka était encore en vie, c'était un homme de bien, qui observait tous les commandements[1], priait sans cesse, et ne manquait jamais de faire l'aumône aux pauvres. Il recherchait un moyen d'échapper au péché, et d'atteindre le nirvana. Il adorait sincèrement les voies de Bouddha, et gardait strictement tous ses commandements. À plusieurs reprises, au cours de sa vie, il fit des dons aux moines et au temple.

Un jour qu'il passait par une ferme pour se rendre au temple, il vit beaucoup de petits poissons[2] dans une flaque d'eau. Il se dit : « Si j'attrapais ces poissons, je pourrais en faire un très bon plat de poisson mariné. »[3] Il ne fit qu'y penser en lui-même, sans aller au bout de son intention.

Peu de temps après, ayant déjà un certain âge, il mourut de vieillesse. Lorsque son esprit arriva aux portes des cieux, l'ange qui gardait les portes lui dit : « Vous devez d'abord payer pour vos péchés, sans quoi vous ne pouvez pas entrer au ciel. » Le père du roi Asoka devint un python, et demeura dans la jungle d'Himmapan, se nourrissant de poissons et d'autres animaux.

Quand le roi Asoka accéda au trône à la place de son père, c'était également un homme de bien, qui gardait fidèlement tous les commandements. Il parvint à apprendre tous les enseignements[4] de Bouddha, jusqu'à ce qu'il soit capable de voler et de marcher dans les airs. Après sa mort, il quitta la terre et monta au ciel. Il demanda à l'ange qui gardait les portes des cieux où était son père, car il souhaitait vivement le voir. L'ange lui répondit : « Votre père est allé payer pour son péché, parce qu'il a violé un commandement. Il est désormais un énorme serpent, qui vit dans la jungle d'Himmapan, mangeant des poissons et d'autres animaux. Si vous voulez voir votre père, vous devez aller le retrouver dans la jungle d'Himmapan. »

Quand le python vit son fils, il ne le reconnut pas, et se dit : « C'est mon repas. » (L'histoire présume que le roi Asoka n'a plus une forme humaine, mais une forme animale.) Avant qu'il ne puisse le manger, son fils lui dit : « J'étais ton fils quand tu étais un être humain. » Le serpent lui lança un défi : « Si vraiment tu étais mon fils, prouve-le en marchant le long de mon dos, de la tête à la queue. Si tu y arrives sans tomber, alors tu es vraiment mon fils. Mais si tu tombes, je te mangerai tout entier, parce que tu es ma nourriture. »

Le fils fit plusieurs aller-retours le long du dos du serpent sans tomber. Puis, il demanda au serpent : « Quand tu étais un homme, tu as gardé de nombreux commandements et été généreux envers les nécessiteux, alors comment se fait-il que tu n'aies reçu aucune récompense[5] en retour ? »

Le père répondit à son fils : « Ton père a violé le commandement de ne pas tuer[6]. Je n'ai fait qu'y penser en moi-même, sans commettre d'acte, et pour ce péché mental, j'ai dû devenir un python, et ainsi payer pour mon péché dans la jungle d'Himmapan. »

Puis, le fils lui demanda : « Combien de temps va-t-il te falloir payer pour ton péché ? »

Son père lui dit : « Mon fils, si tu veux savoir combien de temps sera nécessaire, compte le nombre d'écailles que j'ai sur le dos. Le nombre d'écailles sur mon dos correspond au nombre de fois où je vais devoir revenir, et souffrir, pour me racheter de mon péché ! »

🪷 🪷 🪷

Une vie entière pour chaque écaille. Il est évident qu'ici Bouddha définit le péché, et voulut avertir les gens de ses horribles conséquences.

Sa manière de l'enseigner laissa beaucoup de gens supposer qu'il enseignait la réincarnation, mais je ne pense pas qu'on puisse prouver que Bouddha croyait à la réincarnation. Il a simplement enseigné qu'une vie entière à faire des bonnes œuvres et à éviter les mauvaises ne suffit pas à effacer vos péchés, mais que cela vous prendrait de nombreuses vies. Si vous étiez une aussi bonne personne que le père du roi Asoka, ce qui serait un niveau assez difficile à atteindre, vous auriez toujours à revenir autant de fois qu'il y a d'écailles sur le dos d'un serpent, et il y en a vraiment beaucoup sur le dos d'un serpent ! Je n'ai jamais compté, mais je suis sûr qu'il y en a des centaines. Cela représente énormément de souffrance.

En fait, le dictionnaire thaï-anglais de 1984 (*The New Model Thai-English Dictionary Volume II*) définit ce cercle vicieux, « wattasongsan », comme la « souffrance éternelle ». Pourquoi serait-elle appelée « éternelle », si nous pouvions chaque fois revenir sous une meilleure forme de vie, jusqu'à ce que nous soyons finalement si bons que nous parviendrions à sortir du cercle ? Bouddha ne nous a jamais enseigné de prendre la vengeance du karma à la légère, en imaginant que ses conséquences sont *temporaires.* La vérité, c'est que chaque personne qui naît est emprisonnée dans le péché, et cela conduit à la *souffrance éternelle.* Bouddha avait une révélation si profonde du péché personnel, que je suppose qu'il serait difficile à tous ceux qui ne comprennent pas ce qu'est le péché de le comprendre, lui. Sa compréhension du péché peut faire penser à celle qu'avait eu Martin Luther au XVIème siècle. N'importe qui peut faire un commentaire sur tous les maux qu'il y a dans le monde, mais Luther était troublé par sa propre condition misérable. Aux yeux des gens, c'était un moine du catholicisme *romain* dont la conduite était droite, mais, en privé, il était tourmenté par la pensée de ce qui pourrait lui arriver quand il ferait face à son Dieu au jour du jugement. Cela mena Luther à la Bible, où il trouva sa réponse dans l'épître de Paul aux *Romains,* ce qui était bien à-propos ! (Si vous avez une Bible, lisez pour vous-même toute l'épître aux Romains ! Cela changera votre vie.)

En 500 avant Jésus-Christ, un contemporain de Bouddha avait eu une révélation semblable. En effet, Socrate avait dit à Platon : « Il est possible que Dieu puisse pardonner les péchés, mais je ne vois pas comment ! » Comment un Dieu juste pourrait-il ignorer la justice, et laisser nos péchés impunis ? Que pourrions-nous offrir pour expier nos péchés ? Et qui peut payer le prix nécessaire ? Les esprits les plus brillants ont cherché la réponse, sans jamais la trouver.

La meilleure conclusion qu'ils aient faite semble faire allusion à la réincarnation, simplement parce qu'ils ne voyaient pas comment un pécheur pourrait, au cours d'une seule vie, payer le prix pour ses péchés toujours plus nombreux. Beaucoup de chrétiens seront peut-être surpris d'apprendre que Jésus enseigna une parabole semblable à l'histoire *Du roi Asoka et du python.* J'en parlerai en détail dans les deux prochains chapitres.

19

CE QUE JÉSUS DIT DE LA RÉINCARNATION

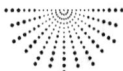

*J*e crois que la réincarnation est l'un des meilleurs enseignements que l'on puisse trouver, en dehors de la Bible. Oui, vous avez bien lu. Chrétiens, ne jetez pas ce livre au feu ! Laissez-moi vous expliquer. La réincarnation est l'une des doctrines les plus connues du bouddhisme, et je pense que c'est une bonne alliée pour nous qui sommes chrétiens.

La plupart de ceux qui suivent une religion orientale ne se posent pas la question de savoir : « Pourquoi devrions-nous être réincarnés ? Pourquoi le bouddhisme enseigne-t-il que l'on doive être réincarné ? » Et ces questions-là ne seront pas posées dans les salles de classe de l'Occident où l'on enseigne sur le bouddhisme.

Quel est le but de cet enseignement bouddhiste, selon lequel nous devrions être réincarnés, et généralement dans une condition *pire*, ou sous une forme *inférieure* ? La réponse est simple. C'est à cause de notre karma, ou de nos péchés ! Dans ce contexte, ces mots signifient exactement la même chose.

Notre péché est si mauvais, et notre karma pèse si lourd, qu'une seule vie ne suffit pas à nous racheter. Le fait que vous soyez né, selon Bouddha, est la preuve que vous êtes un pécheur. Si vous n'étiez pas un pécheur, et si vous aviez été une personne parfaitement bonne dans une vie antérieure, vous ne naîtriez pas du tout. Vous iriez « nippan », ou atteindriez le nirvana, ce qui signifie que vous cesseriez d'exister, que vous disparaîtriez. C'est la version bouddhiste du ciel : vous ne reviendrez plus, mais serez hors de ce cercle vicieux qu'est la vie.

Un homme du Sri Lanka, qui vint dans notre église et reçut Christ, m'a dit : « Ma grand-mère est une bouddhiste convaincue. Quand j'étais petit, elle m'a enseigné : « Tu es né dans le péché. C'est un péché d'être né, parce que ta mère a souffert. Dès la naissance, tu es dans le péché. Même au cours de ta vie, tu es dans le péché. Lorsque tu meurs, tu es dans le péché. Et ensuite, tout recommence. »

Comme nous en avons vu l'illustration dans la parabole du roi Asoka et du python, le bouddhisme enseigne qu'aucune accumulation de bonnes œuvres durant une seule vie ne peut racheter quelqu'un du karma. Vous auriez à naître encore et encore pour vous en racheter. Le problème, c'est que chaque fois que vous renaissez, vous péchez davantage. Ainsi, vous ajoutez encore plus de péchés à votre compte. Vous êtes constamment en déficit.

Pensez-y en termes financiers : les décisions financières de certaines personnes leur ont fait accumuler tant de dettes, qu'ils ne seront jamais en mesure de régler les intérêts qu'ils doivent. La dette grandit plus vite qu'ils ne peuvent gagner d'argent pour la rembourser, même avec deux emplois ou en travaillant des heures supplémentaires. Alors, ils passeront leur vie à essayer de payer les intérêts de leurs dettes. Le bouddhisme enseigne que le péché est comme une dette. Vous pourriez « tam boon »[1] toute votre vie, rien que pour payer pour votre karma, mais vous n'avez aucune chance de gagner ce jeu où vous vous faîtes toujours rattraper. Vous êtes piégé dans le cercle vicieux du péché et de la souffrance.

DETTE FINANCIÈRE ET RÉINCARNATION

Jésus est d'accord avec cela. Il compare le déficit moral à un déficit financier. Avant de lire la parabole qui nous montre comment Jésus pourrait voir la réincarnation, il nous faut comprendre que le problème actuel des « dépenses déficitaires », par les gouvernements et les gens du monde occidental, coûtera cher, non seulement à cette génération, mais aussi à la suivante. La génération actuelle semble bien profiter d'un style de vie irresponsable, en vivant avec de l'argent emprunté ; mais ce manque de contrôle dans les finances rattrapera les gens, et mordra les talons de la génération suivante. La dette nationale des États-Unis et celle du Japon sont actuellement d'environ huit mille milliards de dollars américains chacune ! Croyez-le ou non, cette énorme dette gouvernementale est vue comme la dette indirecte de chaque payeur d'impôts ! Même si une génération a de bonnes intentions et travaille dur, ce ne sera tout simplement pas suffisant pour résoudre ce problème de dépenses déficitaires, et les générations futures vont automatiquement en souffrir. En ce sens, tout adepte du conservatisme fiscal croit à la réincarnation économique. Même si celui qui est à l'origine de la dépense meure, sa dette demeure et passera à la génération suivante sous une autre forme. La dette n'ira au nirvana économique que lorsqu'elle cessera d'exister ou sera annulée.

La question pratique qui se pose est la suivante : puisque quelqu'un de dépensier ne s'arrêtera pas de dépenser, même en étant ruiné, une personne ruinée peut-elle se sortir de cette situation de faillite ? De la même façon, les plus brillants penseurs du monde ont demandé : **puisqu'un pécheur ne s'arrêtera pas de pécher, « pécher moins » pourra-t-il résoudre son problème de péché ?** Un pécheur peut-il, en péchant, se sortir du péché ?

Nous pouvons tous voir où cela mène. La seule façon dont les gens peuvent en finir avec leur dette, c'est si leur créancier l'annule, ce qui coûtera beaucoup à ce dernier. Mais quelqu'un va devoir souffrir !

Bouddha a correctement identifié le problème de l'humanité : c'est l'immense prix à payer pour le péché. Jésus est tout à fait d'accord avec cela. Cependant, Bouddha n'a jamais proposé de solution. Il peut avoir donné une piste, comme nous allons le voir dans ses dernières paroles. Bouddha est parti en laissant ces mots : « Ne me priez pas. N'adorez pas d'idoles. »

Ainsi, Dieu envoya Jésus-Christ 500 ans après Bouddha, parce qu'il aime les bouddhistes. De nombreux sages enseignants vécurent avant Jésus, mais Jésus vint avec la sagesse et la puissance du ciel. Bouddha enseigna pendant quarante-cinq ans, Socrate pendant quarante ans, Platon pendant cinquante ans, Aristote pendant quarante ans, mais Jésus n'enseigna que pendant trois ans. Pourtant, l'impact que ces trois ans de ministère de Jésus a laissé dans le monde dépasse de loin l'ensemble des 175 ans d'enseignement de ces hommes, qui étaient parmi les plus grands penseurs que le monde ait connus.

Les chrétiens n'ont pas conscience que Jésus a enseigné une parabole très semblable à la parabole bouddhiste *Le roi Asoka et le python*, en utilisant même des termes plus précis. Il va plus loin dans les choses que le bouddhisme n'a fait que suggérer. En fait, il nous dit *précisément* le montant de la dette spirituelle qu'un pécheur doit à Dieu... et il dit *précisément* combien de vies vous lui devriez, si vous deviez régler cette dette vous-même. Allons voir ce que Jésus, le plus grand enseignant de tous, a à dire dans l'évangile de Matthieu.

20

LE ROI ET LE SERVITEUR INGRAT

*J*ésus enseigna une parabole qui peut être mal interprétée, comme enseignant sur la « réincarnation ». Les bouddhistes aiment entendre cette histoire. C'est une parabole que l'on trouve dans Matthieu 18, qui parle du nombre de jours et de vies qu'un pécheur doit à Dieu !

MATTHIEU 18:23-35

23 C'est pourquoi, le royaume des cieux est semblable à un roi...

Cela vaut la peine d'être mentionné : les sages aimaient les rois ! Bouddha et Jésus aimaient tous deux parler de rois, parce que la plupart des gens dans le monde comprennent, quand il est question de rois et de royaumes.

23 C'est pourquoi, le royaume des cieux est semblable à un roi qui voulut faire rendre compte à ses serviteurs.

24 Quand il se mit à compter, on lui en amena un qui devait DIX MILLE TALENTS.

25 Comme il N'AVAIT PAS DE QUOI PAYER, son maître ordonna qu'il soit vendu, lui, sa femme, ses enfants, et tout ce qu'il avait, et que la dette soit acquittée.

Quand une personne a des dettes et ne peut pas les payer, elle doit vendre tout ce qui lui appartient, et travailler jusqu'à ce que la dette soit réglée. La dette de ce serviteur-là était si grande, qu'il ne pouvait pas l'acquitter, même au prix de sa vie. Le roi exigea sa vie, ainsi que la vie de sa femme et de ses enfants. Cela ressemble beaucoup à ce qui est dit dans le bouddhisme : une seule vie ne suffit pas !

26 Le serviteur, SE JETANT À TERRE, SE PROSTERNA [c'est ce que nous sommes supposés faire] **devant lui, et dit: Seigneur, aie patience envers moi, et je te paierai tout.**

27 Ému de compassion, le maître de ce serviteur le LAISSA ALLER, et lui REMIT la dette.

28 Après qu'il fut sorti, ce serviteur rencontra un de ses compagnons qui lui devait CENT DENIERS [bien moins que dix mille talents]. **Il le saisit et l'étranglait, en disant: Paie ce que tu me dois.** [il le menaçait]

29 Son compagnon, SE JETANT À TERRE, le suppliait, disant: Aie patience envers moi, et je te paierai.

30 Mais l'autre ne voulut pas, et il alla le jeter en PRISON, jusqu'à ce qu'il ait payé ce qu'il devait.

Comprenez bien que quand vous devez une dette, le créancier a le droit de vous faire mettre en prison. Il n'a vraiment rien fait de mal, parce que si vous n'avez pas réglé vos dettes à temps, vous méritez la prison. Et la Bible dirait de même que si vous avez péché, vous méritez d'être dans une prison spirituelle. Mais à présent, regardez comment la situation va changer :

31 Ses compagnons, ayant vu ce qui était arrivé, furent profondément attristés, et ils allèrent raconter à leur maître tout ce qui s'était passé.

32 Alors le maître fit appeler ce serviteur, et lui dit: Méchant serviteur, je t'avais remis EN ENTIER TA DETTE [nous allons estimer à combien s'élevait cette dette], **parce que tu m'en avais supplié;**

33 ne devais-tu pas aussi avoir pitié de ton compagnon, comme j'ai eu pitié de toi ?

34 Et son maître, irrité, le livra aux bourreaux [c'est ce que nous expérimentons quand nous ignorons des dettes : la torture !], **jusqu'à ce qu'il ait payé tout ce qu'il devait.**

35 C'est ainsi que mon Père céleste vous traitera, si chacun de vous ne pardonne à son frère de tout son cœur.

Quand vous lisez la Bible, la meilleure chose à faire, c'est de vous mettre dans la peau des personnages de l'histoire. L'erreur que nous faisons couramment lorsque nous lisons la Bible et ne la comprenons pas, c'est de supposer que « cela doit concerner quelqu'un d'autre. » Non, cette histoire nous concerne ! Qui est ce roi ? Dieu lui-même est le roi dans cette histoire. Qui est le serviteur qui doit dix mille talents ? C'est nous. Au travers de cette parabole, Jésus compare la responsabilité que nous avons dans le système économique du monde à notre responsabilité dans le domaine spirituel de Dieu. « Le royaume de Dieu est comme cela. » La Bible dit que nous devons à Dieu dix mille talents pour tous nos péchés. À présent, voyons combien cela ferait.

- un talent = 60 mines.
- une mine = 100 deniers.

Si vous regardez les autres références auxquelles la Bible renvoie, vous trouverez une autre parabole, dans Matthieu au chapitre 20, où le maître convint avec ses ouvriers de les payer chacun un denier par jour pour leur travail. Ainsi, un denier équivaut à « une journée de salaire ».

Faisons donc le calcul ! Un talent équivaut à 60 mines. Une mine équivaut à 100 deniers. Un denier équivaut à une journée de salaire. Cela signifie qu'un talent équivaut à 6000 deniers (60 mines x 100 deniers), ou à 6000 jours de salaire. Donc, dix mille talents équivalent à soixante millions de deniers, ou jours de travail.

D'autres passages confirment cette façon de calculer. Dans l'Ancien Testament, le roi de Juda, Amatsia, engagea cent mille soldats du royaume d'Israël du nord. Combien paya-t-il pour avoir un si grand nombre de soldats ?

2 CHRONIQUES 25:6
6 Il prit encore à sa solde dans Israël cent mille vaillants hommes pour CENT TALENTS d'argent.

Cent mille soldats furent d'accord d'aller à la guerre pour cent talents. Voyons si leur salaire était bon : un talent équivaut à 6000 deniers, donc cent talents équivalent à 600 000 deniers. Divisez cela par le nombre de soldats, et on trouve que chaque soldat était payé six deniers, l'équivalent de six journées de salaire. Puisque Amatsia paya ces hommes avant même qu'ils n'aillent à la bataille, six jours de salaire semblent être une très bonne avance. Finalement, aucun d'eux ne combattit, puisqu'un prophète fit éviter la guerre. Amatsia perdit l'avance qu'il leur avait donnée, et les cent mille hommes gardèrent les cent talents.

Chaque pécheur doit, non pas cent talents, mais dix mille talents, ou soixante millions de deniers ! C'est ce que Jésus a enseigné. Arrêtons-nous quelques instants, car ceci est extrêmement important. Quelle est la durée d'une vie ? Si vous vivez cent ans, combien de jours aurez-vous vécus ? Il y a 365 jours dans une année. Cela signifie que si vous vivez cent ans, vous aurez vécu 36 500 jours. La Bible nous rappelle que la vie est de courte durée. « Car, qu'est-ce que votre vie ? Vous êtes une vapeur qui paraît pour un peu de temps, et qui ensuite disparaît. » (Jacques 4:14)

Quelle est la durée de votre vie, en jours ? La plupart des lecteurs auront probablement moins de quinze mille jours devant eux. Et demain n'est garanti pour personne.

La vie est extrêmement courte.

Admettons que vous ayez reçu une grâce spéciale, et supposons que vous soyez capable de travailler depuis le jour de votre naissance, jusqu'à celui de votre mort. Vous ne vous reposez jamais. Vous travaillez sept jours par semaine. Combien de vies entières vous faudra-t-il, pour vous acquitter de cette dette de soixante millions de deniers ?

Laissez-moi faire le calcul pour vous. Le nombre de journées de travail dues, divisé par le nombre de jours dans une seule vie, équivaut au nombre de vies entières requises pour payer la dette du péché, à ce jour, et en supposant que votre dette n'augmentera pas pendant vos vies futures. Êtes-vous prêt ?

Cela vous prendrait 1643,8 vies. Puisque vous ne pouvez pas naître à 80 %, nous allons arrondir le total. Cela vous prendrait 1644 vies de travail en continu, sept jours sur sept, depuis le jour de votre naissance jusqu'à celui de votre mort, pour vous racheter de vos péchés. Voilà à combien s'élève votre dette.

Bien, cela ne représente que ce que doit une seule personne. Actuellement, nous sommes six milliards de personnes. Donc, la valeur de 1644 vies entières de travail doit être multipliée par six milliards d'êtres humains... La dette totale de l'humanité correspond, en ce moment, à 9864 milliards de vies entières de travail, sept jours sur sept.[1]

Traduisons cela en jours, plutôt qu'en vies. Chaque personne doit soixante millions de jours travaillés, et multipliés par six milliards d'êtres humains, cela équivaut à 3,6 milliards de milliards de jours, ou 36×10^{16} jours. Depuis la création, seulement 2,2 *millions* de jours se sont écoulés. L'humanité aurait besoin de 3,6 milliards de milliards de jours pour payer sa dette galopante envers Dieu.

Qu'est-ce que Jésus est en train de nous dire ? Exactement ce que Bouddha enseignait. Il vous est impossible de vous débarrasser de vos péchés par vos propres bonnes œuvres. Tout ce que vous pouvez faire, c'est vous jeter aux pieds du Maître, et dire : « Seigneur, aie pitié de moi, parce que je n'ai pas de quoi payer, et je me dirige droit vers l'enfer. Je ne peux pas me vanter d'aller à l'église. Je ne peux pas me vanter d'avoir été baptisé d'eau. Je ne peux pas me vanter d'avoir lu ce livre, ni étudié beaucoup de religions. »

Au jour du jugement, je ne serai pas en mesure de vous aider. Je suis ravi que vous soyez en train de lire mon livre, mais je ne peux pas vous aider. Je dois la même dette que vous devez. Tout ce que j'ai fait, c'est tomber aux pieds du Maître, comme ce serviteur dans la parabole, et j'ai dit : « Jésus, je t'en prie, aie pitié de moi. Je t'ai fait du tort, et j'ai fait du tort à d'autres, et ma dette augmente chaque jour. Je ne peux pas la régler, mais je sais que toi, tu le peux. »

Tandis que Bouddha ne donna aucune solution, Dieu envoya Jésus-Christ pour qu'il meure, il y a 2000 ans. Le fait le plus extraordinaire de l'Évangile, c'est qu'en *trois jours*, Jésus régla en entier toute la dette de l'humanité ! Et nous nous demandons : « Comment est-ce possible ? Comment est-ce possible, que Jésus ait pu payer la dette de *tout le monde*, qui équivaut à la valeur de milliards et de milliards de jours entiers de travail, et qu'il l'ait fait en seulement trois jours ? Comment a-t-il fait pour payer un si grand prix ? »

En fait, je veux que vous sachiez que Jésus a payé plus qu'il ne fallait pour vous. Il a payé plus que le prix nécessaire !!

Ce que nous essayons de faire n'est pas suffisant. Mais ce que

Jésus a fait est plus qu'assez !! Comment cela se fait-il ? Pensons-y. Ceux d'entre vous qui ont leur propre entreprise comprendront cela tout de suite. Et ceux qui sont employés, vous le comprendrez aussi. Une journée de travail standard est de huit heures par jour. En fait, les Hébreux ont divisé une journée idéale en trois parties : huit heures de sommeil[2], huit heures de travail, et huit heures de temps en famille et de loisirs. Ainsi, la plupart des gens travaillent huit heures par jour. Je comprends que certaines personnes travaillent encore davantage, mais personne ne peut travailler seize heures par jour tout le reste de sa vie. Donc, dans toutes les villes, tous les pays, toutes les fermes, ou toutes les entreprises, tout le monde travaille environ huit heures par jour.

Question : comment se fait-il que le PDG d'une entreprise ait un revenu tellement plus important qu'un commercial ? Tous deux travaillent huit heures par jour. Tous deux ont les mêmes restrictions physiques. Ils commencent à la même heure. Ils finissent à la même heure. Comment se fait-il que le PDG gagne 140 000 € par an, tandis que le commercial, qui travaille tout aussi dur, n'en gagne que 27 000 ?

Pourquoi cela ? Parce qu'ils occupent des positions différentes. Le PDG est à un niveau plus élevé. Il n'a pas plus de temps. Et tous les PDG ne sont pas plus doués non plus. Mais à cause de leur position, leur temps a une valeur bien plus grande.

L'Australie et la Nouvelle-Zélande étaient les premiers pays du monde à décréter une loi sur le salaire minimum, en 1986. En 2007, le salaire minimum en Australie était de 13,47 dollars australiens par heure, ou 11,57 dollars américains. C'est la valeur qu'on donne au temps de celui qui touche un revenu minimum. Comparez cela au taux horaire du président Bill Clinton. En 2006, le président Clinton a gagné 10,2 millions de dollars américains, pour avoir prononcé cinquante-sept discours[3]. Cela nous donne environ 180 000 dollars américains par discours. Si Bill Clinton a parlé pendant quarante-cinq minutes lors de chacun de ses discours, cela reviendrait à dire qu'il a été payé 4000 dollars américains pour chaque minute de discours ! Pourquoi était-il payé autant ? Avait-il davantage de temps que celui qui gagne un salaire minimum ? Non. Il occupait une position plus élevée. Ceux qui viennent de royaumes comprendront bien ceci. En Thaïlande, la princesse de Thaïlande (pas la reine, juste la princesse) est souvent invitée à se rendre à diverses cérémonies d'inauguration. Là-bas, les photographes et un ruban jaune l'attendent. Pour avoir coupé ce ruban jaune, savez-vous combien elle est payée ? Deux millions de bahts. Cela représente à peu près 75 000 dollars australiens, ou 64 000 dollars américains. Elle embellit la cérémonie, elle coupe un ruban, deux millions de bahts lui sont dus, et elle rentre chez elle. Pourquoi son temps est-il si précieux ? Elle occupe la deuxième position la plus élevée du pays. C'est la fille du roi.

Vous et moi, en d'autres mots, pouvons travailler huit heures par jour, chaque jour, pendant une année entière, et pourtant ne pas gagner deux millions de bahts. Pourquoi ? Nous avons un statut inférieur. La princesse a un statut plus élevé que le nôtre, et c'est la raison pour laquelle son temps vaut davantage.

Si vous comprenez cela, vous comprendrez pourquoi j'encourage tous les chrétiens à chercher dans les Écritures les passages qui vous disent qui vous êtes *en Christ*, et à les confesser chaque jour. Si vous comprenez quelle est la position que vous avez *en Christ*, vous comprendrez pourquoi beaucoup de chrétiens sages peuvent travailler sans transpirer, ni stresser, ni s'inquiéter, et pourtant devenir plus riches que des pécheurs, et être plus bénis que leurs collègues. Nous avons beau travailler le même nombre d'heures, j'occupe une position supérieure. Je suis le fils du PDG du ciel. Donc, si je crois que j'ai été fait héritier de Dieu et cohéritier avec Christ[4], que je suis plus que vainqueur par Christ[5], et que je suis assis dans les lieux célestes en Jésus-Christ[6], alors Dieu devrait pouvoir me bénir davantage, non seulement financièrement, mais dans ma santé, ma famille, et mes relations[7]. Aucun parent n'a jamais aimé son enfant plus que Dieu le Père ne nous aime.

Maintenant que nous comprenons bien ces notions de position, de temps, et de valeur, revenons-en à l'appel de Jésus, et à ce qu'il a accompli. Dieu le Père vit la terre, et la dette du monde. Il chercha qui pourrait bien la payer, mais ne trouva personne. Personne n'en était digne. En fait, il n'y a pas suffisamment d'or dans le monde entier pour régler la dette du péché que nous devons à Dieu.

C'est pourquoi Dieu dit : « Je vais devoir envoyer le Seigneur des cieux lui-même. » Hébreux 7:26 dit que Jésus est « plus élevé que les cieux ». Vous comprenez, bien sûr, que celui à qui appartiennent les cieux vaut bien plus que les cieux. Donc, les cieux et la terre ne suffisaient pas à payer. Mais le Seigneur des cieux vint sur la terre, et dit : « Avec mon temps, avec ma vie, je paierai pour tous vos péchés. »

Jésus vint payer pour les péchés de six milliards de gens, plus ceux de tous les gens qui ont vécu avant nous. Jésus dit : « Je le ferai en trois jours. En fait, je paierai plus qu'il n'est nécessaire. »

Le premier jour que le Seigneur de l'univers passa en enfer suffisait. Il est la plus haute autorité, au-dessus de tout royaume et de tout gouvernement, et même une seule seconde de son temps dépasse toutes les puissances de ce monde. Un jour aurait pu suffire. Trois jours en enfer étaient plus qu'assez pour notre rédemption ! C'est la garantie qu'il ne nous reste plus rien à payer. Il nous a totalement rachetés de Satan, et nous sommes à lui désormais. Tous les péchés – du passé, du présent, et du futur – sont complètement effacés. En Christ, non seulement le croyant est pardonné, mais abondamment béni, et gardé en sûreté pour sa venue glorieuse. Voilà ce que Jésus a accompli, et que personne d'autre ne pouvait faire.

🪷 🪷 🪷

QUESTION & RÉPONSE

Y a-t-il un Dieu dans le bouddhisme ? Bouddha n'a jamais nié l'existence de Dieu. Ses enseignements sont profondément enracinés dans l'idée qu'il existe une morale absolue, et qu'il y a une juste répartition des mérites et démérites. Cela implique grandement la présence d'un Dieu intelligent, personnel et moral. Autrement, qui donc garderait trace des décisions morales de chacun, et distribuerait des récompenses ou des châtiments ?

La moralité sans personnalité est impossible. Non seulement faudrait-il une personne morale pour garder trace des pensées, paroles et actes de chacun, mais aussi une personne très intelligente, pour garder trace du karma. Il faudrait que cet être voie tout, sache tout, et soit parfaitement juste. N'est-ce pas, par définition, la croyance en un Dieu omniscient et moral ?

Dans le bouddhisme thaï, il y a un titre qu'on utilise pour faire référence à Dieu : « Sing Saksit Nai Sakolaloak ». Les bouddhistes thaïs savent que cela fait référence à « quelque chose de saint dans l'univers ». Quand les bouddhistes prient, ils prieront souvent « Sing Saksit Nai Sakolaloak ». Ainsi, en réalité, ils prient l'Être Suprême, mais ils ne savent pas que son nom est Jésus-Christ.

Cela fait penser aux Athéniens idolâtres qui priaient le *dieu inconnu*. La religion des Athéniens n'était certainement pas centrée sur le *dieu inconnu*, mais elle ne pouvait pas non plus nier son existence. Paul mit en avant ce qu'ils considéraient secondaire, et déclara : « Ce que vous révérez sans le connaître, c'est ce que je vous annonce. » (Actes 17:23)

La Bible dit que chaque enfant naît avec la connaissance de Dieu ; ils sont « vivants » en Dieu (Romains 7:9). Aucun enfant ne naît avec un gène qui lui ferait dire : « Je ne crois pas en Dieu ». Aucun enfant qui meurt ne va en enfer. Ils vont tous au ciel. Ce n'est qu'après avoir été conditionné par la société dans laquelle il vit, et avoir subi la pression des autres, ainsi qu'un endoctrinement religieux, qu'un enfant accepte les théories humaines, et renie Dieu. Mais même dans ce cas, pour le reste de sa vie, une personne vit avec une conscience de l'éternité (Ecclésiaste 3:11) et du jugement à venir (Romains 2:15-16).

21

LA TORTUE AVEUGLE

J'ai promis de vous donner trois histoires bouddhistes que vous pourrez partager avec n'importe quel bouddhiste. Vous avez déjà lu la première histoire, celle du roi Asoka et du python. Vous pouvez l'utiliser pour expliquer quel est le prix à payer pour le karma, même quand il ne s'agit que d'*un seul* karma mental ! Vous en souvenez-vous ?

Laissez-moi vous raconter la deuxième histoire. C'est une jolie petite histoire que vous pouvez utiliser pour une communication interculturelle entre des bouddhistes et des chrétiens. Dans celle-ci, Bouddha décrivit comment échapper au péché. Il est question de la tortue aveugle.

Un jour, les disciples de Bouddha vinrent le voir, et lui demandèrent : « Quelles règles devrions-nous suivre pour échapper à nos péchés ? »

Bouddha leur répondit : « Comment serez-vous libérés de vos péchés ? Placez un joug dans la rivière, et laissez-le flotter dans le courant pendant trois ans. Après quoi, relâchez une tortue aveugle pour retrouver ce joug. Le jour où la tortue aveugle trouvera le joug sera le jour où vos péchés seront pardonnés. »

Qu'est-ce que Bouddha voulait dire ? Il disait qu'il est impossible de se sauver soi-même de ses propres péchés en essayant de suivre de bonnes règles. Vous avez autant de chances de pouvoir aller au ciel en essayant d'être bon, qu'une tortue aveugle a de chances de retrouver un joug disparu après avoir été placé dans une rivière, puis emporté par le courant durant trois ans. Voyez-vous combien Bouddha avait compris les lourdes conséquences du péché ? Il comprit des choses qui sont tout à fait bibliques. La Bible nous enseigne : « N'essayez pas de vous sauver vous-même. Vous avez besoin que le Sauveur vous sauve. Vous n'êtes pas le Sauveur ! Vous êtes un pécheur. Repentez-vous, et croyez en Jésus-Christ. »

La troisième histoire contient une prophétie, qui sera la plus surprenantes de toutes.

🪷 🪷 🪷

QUESTION & RÉPONSE

Bouddha était-il sans péché ?

Bouddha abandonna sa jeune épouse et son enfant nouveau-né. Si j'abandonnais ma femme et mon enfant, ne serait-ce pas considéré comme un terrible péché ? « *Il n'en est aucun qui fasse le bien, pas même un seul.* » (Psaume 14:3).

Nul n'est sans péché, excepté Jésus : « *Or, vous le savez, Jésus a paru pour ôter les péchés, et il n'y a point en lui de péché.* » (1 Jean 3:5)

22

LES DERNIÈRES PAROLES DE BOUDDHA

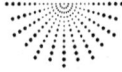

*a*vant que Bouddha ne quitte cette terre, il laissa à ses disciples ses derniers commandements. Je vais vous les donner d'abord en pali, puis traduire leur sens en français :

1. « Appa-mano! » Ne vous fabriquez pas d'idoles, n'en adorez pas et ne vous prosternez pas devant elles.
2. « Jata-rako! » Recherchez celui qui est saint et vivant pour toujours.
3. « Appama-pana-sumba-taypa! » Prenez garde à votre cœur. Ne soyez pas négligents, mais soyez toujours prêts.
4. « Vi-mut-ti! » Que chacun de vous recherche le moyen d'échapper à sa nature pécheresse[1], ou alors c'est une ruine éternelle qui vous attendra tous.

Bouddha continua de faire des recommandations à ses disciples, et leur dit : « Pour adorer de la bonne façon, vous devez adorer la vérité. N'adorez pas des choses matérielles (en pali : « a-mi-ta-bucha ») : cela n'a aucune valeur. »

De nombreux bouddhistes en ont assez d'acheter des choses matérielles pour adorer leurs idoles. Ils doivent acheter de l'encens et des bougies, ainsi que des feuilles d'or et de la nourriture. Un bouddhiste âgé qui devint chrétien a dit : « Dieu veut que nous l'adorions juste là, dans notre cœur. C'est ce qu'il désire plus que toute autre chose : notre cœur ! »

L'une des dernières paroles de Bouddha les plus intéressantes était de « rechercher celui qui est saint et vivant pour toujours ». Le bouddhisme en dit-il davantage sur cette personne ?

🪷 🪷 🪷

Le vieux brahmane et Bouddha

Les bouddhistes savent en général que Bouddha a prophétisé la venue d'un sauveur après lui. Il s'appelle le « Maitreya » en sanskrit, « Metteya » en pali, et « Pra-med-trai »[2] en thaï. Il est censé être un enseignant et un dirigeant du monde qui mettra fin à la mort !

Si nous pouvions parvenir à la liberté en gardant les lois de Bouddha, en accumulant du mérite, ou en méditant, quel besoin y aurait-il d'un Maitreya ? Mais si Bouddha ne se voyait pas lui-même comme la solution aux péchés de l'humanité, il est tout à fait logique, théologiquement, qu'il y ait besoin d'un Maitreya. Il est logique que Bouddha ait dit à ceux qui le suivaient, tout comme Jean-Baptiste l'a fait, de ne pas regarder à lui, mais de rechercher un autre, qui sera saint. Bouddha était une personne très humble.

Les prophéties que Bouddha a données sur le Maitreya sont dispersées en plusieurs endroits. Certaines étaient transmises oralement. D'autres étaient inscrites sur des feuilles de palmier. La prophétie de Bouddha a pu avoir fait partie du Tripitaka thaï dans le passé, mais on m'a dit que ce passage a été ôté des textes sacrés, parce que l'identité de la personne à qui il faisait référence était bien trop évidente. Je ne peux ni confirmer ni nier cette rumeur. Tout ce dont je peux parler, c'est de la version trouvée par le moine Tongsuk Siriruk dans le Kampee Khom, qui est le canon cambodgien ou khmer, et c'est aux Cambodgiens que nous devons d'avoir préservé ce texte pour nous. Le bouddhisme thaï vint du peuple khmer, il est donc normal de s'attendre à ce que les toutes premières histoires de Bouddha, non achevées, puissent être trouvées dans le canon khmer. Lisez l'histoire suivante, et voyez si cela vous semble familier.

Alors que Bouddha voyageait dans cette vie, un vieux prêtre brahmane[3] vêtu de blanc vint lui demander : « Comment un homme ou un prêtre peut-il suivre tous les commandements, et échapper à tous ses péchés ? »

Bouddha lui répondit : « Même si vous faisiez l'aumône aux pauvres, des dons aux moines, gardiez tous les commandements – à la fois les cinq « seen », les huit « seen », les dix « seen », et les 227 « seen », même jusqu'à 99 millions de « seen » – et même si vous leviez vos mains vers le ciel pour adorer, ou vous offriez vous-même en sacrifice pour être brûlé, ou priiez cinq fois par jour, **vous ne pourriez toujours pas vous sauver vous-même de vos péchés.** Si vous le faisiez chaque jour, vos bonnes œuvres ne vaudraient pas plus qu'une mèche de cheveux de bébé restée dans le ventre de sa mère pendant huit mois[4]. Ce n'est même pas assez bien pour se rapprocher des portes du ciel. »

Nos bonnes œuvres, peu importe combien nous en faisons, valent si peu ! Cela ne ressemble-t-il pas au « chapitre sur l'amour » de la Bible ? Dans 1 Corinthiens 13, le Saint-Esprit nous dit que « quand je distribuerais tous mes biens pour la nourriture des pauvres, quand je livrerais même mon corps pour être brûlé, si je n'ai pas l'amour, cela ne me sert à rien. »

La Bible enseigne que la condition pour accéder au ciel, c'est de toujours aimer. Cela veut dire aimer Dieu de tout notre cœur, de toute notre âme, de toute notre pensée et de toute notre force, et de toujours le placer en premier dans chacune de nos décisions. Il n'existe pas un seul être humain vivant qui ait jamais fait cela !

Ensuite, cela signifie aimer notre prochain comme nous-mêmes. Nous n'avons pas à chercher trop loin, commençons simplement par notre père et notre mère, ou par notre mari ou notre femme, et puis continuons avec nos autres prochains. Il n'existe aucun être humain, qu'il soit catholique, protestant, bouddhiste, hindou, ou musulman, qui ait jamais aimé Dieu et son prochain comme lui-même, en tout temps.

Même si nous donnons aux pauvres, adorons en levant nos mains vers le ciel, offrons nos corps en sacrifice pour être brûlés, mais échouons en n'aimant pas, tous nos sacrifices ne servent à rien parce que notre esprit sera perdu et ira en enfer. Nous devons payer pour les péchés que nous avons commis. Les péchés ne peuvent pas être lavés, sinon par le sang de Jésus. C'est pour cela que beaucoup se sont tournés vers lui et ont placé en lui leur confiance. Mais continuons avec le vieux brahmane. Il a évidemment été surpris par la réponse de Bouddha, et c'est pourquoi il poursuivit.

Le vieux brahmane continua avec cette question : « S'il en est ainsi, que devons-nous faire pour échapper à nos péchés et en être séparés ? »

🪷 🪷 🪷

L'histoire de l'ange et de la pierre

Bouddha répondit : « Les péchés de l'humanité sont nombreux et lourds, plus lourds que le ciel et plus épais que la terre. Ils sont plus épais qu'une grande pierre de granite utilisée pour une sépulture, de trente centimètres d'épaisseur de chaque côté. Imaginez qu'un ange descende du ciel et passe son vêtement sur la pierre une fois l'an : le jour où la pierre aura complètement disparu sera le jour où les péchés et le karma de l'homme auront disparu. »

Voyez-vous où Bouddha voulait en venir ? Supposez que vous ayez une grande pierre de granite, et que vous la balayiez d'un linge délicat une fois par an : le jour où cette pierre aura disparu sera le jour où vos péchés disparaîtront !

Bouddha continua : « J'ai moi-même laissé tout mon héritage de prince, abandonné mes envies, et suis devenu un moine. J'estime que mes bonnes œuvres ne sont pas peu nombreuses. J'observe les huit commandements, et même jusqu'à cent mille commandements. Même si durant dix vies je pouvais à chaque fois abandonner tout ce que j'ai, cela ne pourrait toujours pas me racheter d'un seul de mes péchés. »

Bouddha comprit le problème du péché. Il identifia le problème dans son esprit, et essaya simplement de l'expliquer aux gens qui vivaient autour de lui, avec ses propres mots. Je crois qu'il préparait le chemin à Jésus, parce qu'il vécut environ cinq cent ans avant que Christ ne vienne.

Ici, il est important de souligner qu'en général les bouddhistes affirment que Siddhartha Gautama est la 10ème réincarnation de la même personne. Mais Bouddha n'a pas dit qu'il était cette 10ème réincarnation, il dit seulement que même s'il pouvait passer dix vies à se sacrifier, ses péchés ne pourraient toujours pas être effacés.

Une erreur semblable est parfois enseignée dans le christianisme. Dans leurs jeunes années, Pierre et Jean étaient un peu en compétition l'un avec l'autre, et Pierre posa une question à Jésus sur l'appel de Jean. Jésus dit à Pierre : « Si je veux qu'il demeure jusqu'à ce que je vienne, que t'importe ? Toi, suis-moi. » Ensuite, il y eut cette idée parmi les frères que ce disciple ne mourrait pas. Pourtant, Jésus n'a pas dit de lui qu'il ne mourrait pas, mais : « Si je veux qu'il demeure jusqu'à ce que je vienne, que t'importe ? » (Jean 21:21-23). L'accent n'était pas mis sur le fait que Jean vive éternellement, mais sur le fait que Jésus détienne la puissance de la vie ! S'il l'avait voulu, il aurait pu appeler Jean à être un témoin pendant deux mille ans. C'est à Jésus de choisir qui il veut appeler à quelle mission. Alors arrêtez de vous comparer à votre frère, arrêtez de comparer votre travail à celui de quelqu'un d'autre, suivez simplement Jésus !

Mais continuons.

Le brahmane insista : « S'il en est ainsi, que dois-je faire pour que tous mes péchés soient rachetés ? »

Bouddha lui dit : « Que chacun de vous fasse des bonnes œuvres, et recherche **un autre, celui qui est saint**, qui viendra et sauvera le monde. Il viendra à votre secours dans un futur proche. »

Le vieux brahmane demanda : « Celui qui est saint et qui viendra sauver le monde dans un futur proche, à quoi ressemble-t-il ? »

À ce moment de l'histoire, je ne peux m'empêcher de sourire. Je peux imaginer des Asiatiques poser ce type de question en plein milieu d'un sermon ! « Vous dites qu'un sauveur va venir... mais, à quoi ressemble-t-il ? A-t-il des cheveux longs ? Courts ? Est-il maigre ou gros ? Petit ou grand ? » Cette histoire porte les traces d'une conversation authentique qui eut lieu en Asie ancienne !

❀ ❀ ❀

LE GONGJAK

Bouddha répondit : « Celui qui est saint et qui sauvera le monde dans un futur proche aura des marques sur les mains et sur les pieds, comme celles que laisse un gongjak.[5] Sur son côté, il y a une blessure, comme infligée par une lame. Son front est couvert de marques et de blessures. Celui qui est saint sera comme un vase d'or, un très grand vase, qui vous portera au travers du cycle de la souffrance, jusqu'à ce que vous alliez au ciel nippan[6].

Bouddha n'a pas utilisé le mot « ciel » seul, mais la combinaison de mots « ciel nippan ». Ce que Bouddha voulait dire est clair : une fois que vous atteignez le ciel, vous ne revenez pas. Une fois au ciel, vous ne serez absolument pas réincarné. Nombreux sont ceux qui n'ont pas compris que Bouddha a enseigné sur le « cycle de la souffrance » et l'« impossibilité de payer pour nos péchés pendant une seule vie », pour faire une observation sur la vie, et expliquer la gravité du péché. Ils ont interprété ses enseignements en disant qu'il parlait du concept hindou de la réincarnation.

Bouddha dit au vieux brahmane : « Celui qui est saint sera comme un vase d'or, un très grand vase, qui vous portera au travers du cycle de la souffrance, jusqu'à ce que vous alliez au ciel nippan. » En d'autres termes, allez-y avec lui et vous n'aurez jamais à revenir pour souffrir. Lisez attentivement les dernières paroles de Bouddha !

❧ ❧ ❧

LA LUCIOLE

Ne suivez pas l'ancienne voie, car vous n'y trouverez aucun moyen d'échapper à vos péchés. Détournez-vous de vos anciennes voies, et vous recevrez du haut des cieux **un nouvel esprit qui brille comme une luciole**, et qui demeurera dans votre cœur. Et vous aurez la victoire sur tous vos ennemis, qu'ils viennent contre vous de quatre côtés, ou de huit côtés différents. Personne ne vous fera de mal, par aucun moyen, et lorsque vous mourrez, vous ne reviendrez pas dans ce monde.

Ça, alors ! Est-il temps que ce message aille par tout le monde ?

Je pense qu'il est possible que Bouddha ait pu voir Jésus durant ses derniers jours, de la même façon que les disciples eurent une rencontre avec Jésus, dans Actes 1:3 : « Après qu'il eut souffert, il leur apparut vivant, et leur en donna plusieurs preuves, se montrant à eux pendant quarante jours, et parlant des choses qui concernent le royaume de Dieu. » Personne ne peut être catégorique sur ce que Bouddha vit ou ne vit pas. Tout ce que j'en dis, c'est que la probabilité qu'un homme soit capable de décrire le Sauveur avec une telle précision, sans avoir de révélation de Dieu, est nulle.

Dans l'Ancien Testament, beaucoup de gens virent Jésus-Christ leur apparaître avant son incarnation. Si vous ne saviez pas cela, vous pouvez l'étudier par vous-même. D'un côté, personne ne peut voir Dieu, et vivre. À la fois l'Ancien et le Nouveau Testament confirment cela : « Tu ne pourras pas voir ma face, car l'homme ne peut me voir et vivre. » (Exode 33:20) et « Personne n'a jamais vu Dieu. » (Jean 1:18). D'un autre côté, beaucoup de gens ont affirmé avoir vu quelqu'un qui avait tous les attributs de Dieu, qu'on appelle tour à tour « Dieu », « Seigneur », « l'ange de l'Éternel », et « le Fils de Dieu ». Comment ces positions peuvent-elles toutes deux être vraies ? Parce qu'il y a au moins deux personnes en Dieu : Dieu le Père, que nul homme n'a vu, et Dieu le Fils, que certains croyants ont pu voir au cours de l'Histoire.

- Abraham rencontra le Seigneur Jésus en personne (Genèse 18).
- Jacob rencontra Jésus en personne, et le reconnut comme Dieu : « J'ai vu Dieu face à face, et mon âme a été sauvée. » (Genèse 32:30).
- Hagar, la mère d'Ismaël, vit Jésus face à face, et l'appela à la fois l'« ange de l'Éternel », et « Atta-El-roï », un titre divin qui signifie : « Tu es le Dieu qui me voit » (Genèse 16:7-13).
- Gédéon vit Jésus en tant qu'« ange de l'Éternel », mais ne reconnut pas immédiatement qu'il était Dieu, jusqu'à ce qu'il s'exclame, par peur pour sa vie : « Malheur à moi, Seigneur Éternel ! Car j'ai vu l'ange de l'Éternel face à face. » Le Seigneur lui assura : « Sois en paix, ne crains point, tu ne mourras pas. » (Juges 6:11-23)

- Le père de Samson, Manoach, rencontra Jésus-Christ, et essaya de connaître son nom. Il est intéressant de constater que Jésus ne le donna pas. Je crois que c'est parce que Marie devait être la première personne sur terre à entendre son nom. Mais Jésus fit bien allusion à l'un de ses titres divins, « Merveilleux », qui correspond généralement au Messie (Ésaïe 9:6-7). Finalement, Manoach réalisa qui se tenait en face de lui, et dit à sa femme : « Nous allons mourir, car nous avons vu Dieu. » (Juges 13:21-23).
- Même un roi païen, Nebucadnetsar, vit Jésus-Christ, environ à l'époque de Bouddha. Nebucadnetsar jeta cruellement trois jeunes Hébreux dans une fournaise ardente, mais réalisa bien vite son erreur, lorsque Dieu vint à leur secours. Nebucadnetsar se précipita vers ses conseillers, et leur demanda : « Qui est le quatrième homme au milieu du feu, celui dont la figure ressemble à celle d'un fils de Dieu ? » (Daniel 3:24-25). Il avait vu Jésus-Christ avant son incarnation ! Jésus n'est pas seulement homme. Il est Dieu venu dans la chair. Il a toujours existé. Il est l'Éternel, le créateur, et il est tout particulièrement intéressé par les êtres humains : il nous visite, se révèle à nous, et va même jusqu'à mourir pour nous.

Il est fort probable, bien que je ne puisse le prouver, qu'un homme du nom de Siddhartha Gautama, en recherche de la vérité, vit Jésus dans une vision ou en rêve, alors qu'il voulait trouver comment échapper au péché. Bouddha essaya de décrire cela du mieux qu'il put. « Je vis des marques sur ses mains et sur ses pieds, comme celles que laisse un gongjak, cette arme ancienne qui vous déchirerait la chair. » Un gongjak est une roue au bord dentelé vraiment horrible, que l'on fait tourner. Bouddha dit : « Je vois la marque de ce gongjak dans ses mains et ses pieds. »

N'acceptez pas juste mon opinion. Comparez les paroles de Bouddha au chapitre 20 de l'Évangile de Jean, et jugez par vous-même. De qui Bouddha parlait-il ?

❧ ❧ ❧

JEAN 20:19-20, 22, 24-29 [Après que Jésus a été ressuscité des morts]

19 Le soir de ce jour, qui était le premier de la semaine, les portes du lieu où se trouvaient les disciples étant fermées, à cause de la crainte qu'ils avaient des Juifs, Jésus vint, se présenta au milieu d'eux, et leur dit : La paix soit avec vous !

20 Et quand il eut dit cela, il leur montra SES MAINS et SON CÔTÉ. Les disciples furent dans la joie en voyant le Seigneur.

22 Après ces paroles, il souffla sur eux, et leur dit : RECEVEZ le SAINT-ESPRIT.

24 Thomas, appelé Didyme, l'un des douze, n'était pas avec eux lorsque Jésus vint.

25 Les autres disciples lui dirent donc : NOUS AVONS VU LE SEIGNEUR. Mais il leur dit : Si je ne vois DANS SES MAINS la MARQUE DES CLOUS, et si je ne mets mon doigt dans la MARQUE DES CLOUS, et si je ne mets ma main dans SON CÔTÉ, je ne croirai point.

26 Huit jours après, les disciples de Jésus étaient de nouveau dans la maison, et Thomas se trouvait avec eux. Jésus vint, les portes étant fermées, se présenta au milieu d'eux, et dit : La paix soit avec vous !

27 Puis il dit à Thomas : Avance ici ton doigt, et REGARDE MES MAINS ; avance aussi ta main, et METS-LA DANS MON CÔTÉ ; et ne sois pas incrédule, mais crois.

28 Thomas lui répondit : Mon Seigneur et mon Dieu ! [Jésus n'est pas simplement un grand prophète ou un enseignant. Il est notre Seigneur et notre Dieu !]

29 Jésus lui dit : Parce que tu m'as vu, tu as cru. [Quand Thomas reconnut que Jésus était Dieu, Jésus ne le reprit pas. Il lui dit : tu as cru juste !] Heureux ceux qui n'ont pas vu, et qui ont cru ! [Beaucoup de gens n'ont pas vu Jésus face à face, mais croient en lui. Ils n'ont pas eu à mettre le doigt dans la marque des clous dans ses mains pour placer leur confiance en lui. Jésus dit que vous êtes plus heureux si vous croyez sans avoir vu.]

❀ ❀ ❀

E st-il possible que Bouddha, en recherche de la vraie liberté, ait eu une vision de Jésus-Christ, et plaça sa confiance dans le Sauveur à ce moment-là ? Il avertit ses disciples : « Ne me priez pas. Ne suivez pas vos anciennes voies [qu'étaient l'hindouisme et ses idolâtries]. Si vous les suivez, vous n'échapperez pas à vos péchés. » Suivez la nouvelle voie, et que se passera-t-il ? Vous recevrez un nouvel esprit, qui brille comme une luciole. La vision de Bouddha correspond à ce que Jésus donna aux disciples dans Jean 20:22 : un nouvel Esprit ! Ses mots sont vraiment extraordinairement semblables aux paroles des prophètes Ézéchiel et Jérémie, et je vous invite à les comparer vous-même :

ÉZÉCHIEL 36:25-27

25 **Je répandrai sur vous une eau pure, et vous serez purifiés; je vous PURIFIERAI de toutes vos souillures et DE TOUTES VOS IDOLES.**

26 **Je vous donnerai UN CŒUR NOUVEAU, et je mettrai en vous UN ESPRIT NOUVEAU; j'ôterai de votre corps le cœur de pierre, et je vous donnerai un cœur de chair.**

27 **Je mettrai MON ESPRIT en vous, et je ferai en sorte que vous suiviez mes ordonnances, et que vous observiez et pratiquiez mes lois.**

Ézéchiel et Jérémie ont tous deux prophétisé qu'il y aurait une nouvelle voie (la nouvelle alliance), qui remplacerait l'ancienne et serait annoncée par le Messie. Les caractéristiques distinctives de cette nouvelle voie sont les suivantes : alors que dans l'ancienne voie, on essaye de contrôler le comportement humain au moyen de lois extérieures (la religion), dans la nouvelle, c'est un cœur changé ou un esprit né de nouveau (la nouvelle naissance) qui guidera le comportement humain ! Qui donc peut faire cette promesse ? Chaque individu a un esprit pécheur. Jésus seul a le Saint-Esprit. Ainsi, seul Jésus peut nous donner le Saint-Esprit, qui fait briller en nous la lumière de la vie.

JÉRÉMIE 31:31-33 [environ 587 avant Jésus-Christ]

31 **Voici, les jours viennent, dit l'Éternel, où je ferai avec la**

maison d'Israël et la maison de Juda une ALLIANCE NOUVELLE,

32 Non comme l'[ancienne] alliance que je traitai avec leurs pères, le jour où je les saisis par la main pour les faire sortir du pays d'Égypte [l'Exode], alliance qu'ils ont violée [au Mont Sinaï, les Dix Commandements ont été immédiatement brisés lorsqu'ils ont adoré un veau d'or], quoique je sois leur maître, dit l'Éternel.

33 Mais voici l'alliance [nouvelle] que je ferai avec la maison d'Israël, APRÈS CES JOURS-LÀ, dit l'Éternel : Je mettrai ma loi AU-DEDANS D'EUX, je l'écrirai DANS LEUR CŒUR; et je serai leur Dieu, et ils seront mon peuple.

Jérémie et Ézéchiel ont tous deux prophétisé la même chose. Un jour, lorsque nous croirons au Messie, Dieu pourra nous atteindre, et prendra notre cœur de pierre pour nous donner un nouveau cœur. Il écrira ses lois dans notre esprit et dans notre cœur. Il nous donnera un nouvel esprit ! Cela ne ressemble-t-il pas à ce que Bouddha dit, lorsqu'il indiqua que celui qui est saint placera un nouvel esprit qui brille comme une luciole, en ceux qui le cherchent ? Ce qui est fascinant, c'est qu'Ézéchiel, Jérémie et Bouddha ont tous vécu environ à la même période !

Il s'est avéré que lorsque Dieu me donne quelque chose à partager à l'église, beaucoup d'autres pasteurs reçoivent le même message. Parfois, il arrive que Dieu nous donne un message qui ne concerne que nous, mais la plupart du temps, il a un message qu'il veut transmettre au monde à une période précise. Comment se peut-il que de nombreux pasteurs en Australie et partout dans le monde, qui bien souvent ne se connaissent pas, reçoivent exactement la même chose, au même moment ? Parce que c'est le même Esprit de Dieu qui demeure en nous. C'est ainsi que je sais qu'il y a un Saint-Esprit. Je sais de façon sûre qu'il vit en moi, et qu'il vit dans les autres croyants. Bien que je ne puisse pas saisir la vision d'ensemble de ce qu'il fait, je peux voir qu'il fait marcher son Église d'un même pas, en particulier les croyants qui prient et prennent le temps d'écouter. Il a un message pour la terre et pour les églises, et c'est *vous* qu'il appelle pour aller le délivrer !

Quand je regarde en arrière, et pense à Jérémie, Ézéchiel et Bouddha, cela ne me surprend pas qu'ils aient tous vécu autour de 500 avant Jésus-Christ, et qu'ils aient tous reçu une parole semblable, qui était essentiellement : « Dieu dit de ne pas suivre les anciennes voies, mais de suivre le Sauveur à venir, et il mettra un nouvel esprit en vous ! » Dieu avait un message à transmettre à tous les peuples à cette époque-là. J'ignore combien d'autres personnes dans le monde reçurent ce message dans leurs esprits, mais seuls deux d'entre eux l'écrivirent dans la Parole de Dieu !

Est-ce un sacrilège de penser que Bouddha puisse avoir comparé le Saint-Esprit à une luciole ? Pas si la Bible le compare à une colombe. « Un esprit comme une luciole », pour Bouddha, était sans doute la seule manière de décrire un Esprit qui donne la Lumière. La Bible dit que Dieu « nous a délivrés de la puissance des TÉNÈBRES et nous a transportés dans le royaume de son Fils bien-aimé » (Colossiens 1:13). En d'autres termes, la Lumière vient dans votre vie quand vous devenez chrétien.

Bouddha vit un évènement du futur, et il décrivit que c'était comme si des lucioles étaient tout autour de ceux qui avaient cru. Si Bouddha parlait du Saint-Esprit, cela ne rabaisserait-il pas ce dernier ? Cela ne le rendrait-il pas insignifiant ? Allons donc voir dans le livre des Actes, au chapitre 2, où le Saint-Esprit fut donné en accomplissement des paroles des prophètes, et relisons ce que la Bible dit. La Bible indique que cent vingt personnes attendaient la venue du Saint-Esprit ; or, cinquante jours après la résurrection, savez-vous ce qui arriva ? Juste avant qu'ils soient tous remplis du Saint-Esprit, des petites langues de feu apparurent au-dessus de chacun d'eux ! La version anglaise King James parle de « langues fendues, comme de feu ». Cela signifie que chaque langue était partagée, et non pas une langue entière, mais simplement une petite langue ! Selon le livre des Actes, cette petite langue de lumière et de feu représentait la venue du Saint-Esprit.

Dieu n'aurait-il pas pu faire entrevoir à Bouddha le jour de la Pentecôte à venir ? Et Bouddha, n'ayant pas eu une pleine révélation, aurait expliqué : « Cela ressemble à de petites lucioles ! » Je ne prétends pas que Bouddha ait eu une révélation au même titre que ceux qui ont écrit dans la Bible, mais regardez le fond de ce qu'il était en train de communiquer ! Le mot d'ordre qu'il donnait à ceux qui le suivaient était : « Ne suivez pas les anciennes voies. Attendez ce qui vient ! Attendez le meilleur ! Non seulement vous serez lavés de vos péchés, mais vous recevrez aussi un nouvel esprit qui vous apportera la lumière. » À cela, nous pouvons tous dire amen ! Les hommes les plus sages sur cette terre nous ont fait ces promesses. Ne suivez pas les anciennes voies. Je m'adresse aux bouddhistes : « Ouvrez votre cœur aujourd'hui. Tout ce que vous avez besoin de faire, c'est vous repentir et croire en Jésus. Si vous voulez savoir si Dieu est réel, si vous voulez savoir si Jésus peut vous pardonner vos péchés et vous donner un tout nouvel esprit, faites cette prière qui changera votre vie et créera un nouvel esprit en vous. Vous ne serez plus jamais le même, et vous saurez que Dieu est vrai et que Jésus vous aime. »

UNE PRIÈRE POUR RECEVOIR LE SALUT DE DIEU

L e moment le plus intéressant lorsque l'on parle de Jésus avec des bouddhistes, c'est quand on prie avec eux pour qu'ils reçoivent le salut. Si vous ne savez pas comment les guider dans cette prière, vous pouvez utiliser celle-ci. Je crois qu'à partir du moment où quelqu'un dit cette prière sincèrement, tous ses péchés seront lavés, et la puissance du Saint-Esprit viendra :

> « *Père céleste, je te demande pardon pour mes péchés. Je crois que Jésus est mort sur la croix pour payer le prix de mon karma, et payer pour mes péchés. Je crois qu'au troisième jour, Jésus est ressuscité des morts, victorieux de Satan, l'ennemi de mon âme. J'accepte Jésus dès maintenant comme mon Sauveur et Seigneur. Merci de me pardonner, et de m'accepter comme ton enfant. Je prie dans le nom de Jésus.* »

Au moment où quelqu'un place sincèrement sa confiance en Christ pour qu'il le sauve, ses péchés sont effacés, et il naît de nouveau. Il est important d'assurer à un bouddhiste qu'il n'a pas changé de culture ni de nationalité, qui ont à voir avec son lieu de naissance, ce qu'il mange, ce qu'il porte, et le passeport qu'il détient. Ces choses n'ont pas besoin de changer. Je m'adresse aux bouddhistes : « Le vrai changement a lieu dans votre cœur, votre *vous* réel, qui est éternel, et que personne d'autre que Dieu ne peut voir. » Quand Dieu transforme notre cœur, il y aura des preuves manifestes, comme un désir surnaturel de pardonner à ses ennemis, d'aimer ceux qui ne nous aiment pas, de lire la Bible, de prier, de faire partie d'une église centrée sur la Bible, et de partager le don du salut en Jésus-Christ avec d'autres.

Une prière pour recevoir la puissance de Dieu

Q uand un bouddhiste est sauvé, je lui dis tout de suite : « J'aimerais vous laisser avec un autre don. Je sais qu'une fois que je serai parti, vous ne saurez pas encore comment prier Dieu, mais le Saint-Esprit peut vous aider. Prions pour que vous soyez rempli de l'Esprit, afin que vous puissiez prier Dieu surnaturellement, comme les disciples l'ont fait dans Actes au chapitre 2. »

La Bible déclare : « Ils furent tous remplis du Saint-Esprit, et se mirent à parler en d'autres langues (langues célestes), selon que l'Esprit leur donnait de s'exprimer » (Actes 2:4). Je demande à un croyant d'arrière-plan bouddhiste : « Si vous êtes né de parents francophones, quelle langue parlerez-vous ? (Français.) Et si vous êtes né de parents thaïs, quelle langue parlerez-vous ? (Thaï.) Donc, si vous naissez de l'Esprit, que parlerez-vous ? C'est cela, un langage spirituel ! Quand nous naissons du Père céleste, nous parlerons une langue céleste ! » La version anglaise Weymouth de 1 Corinthiens 14:2 explique que quand nous, chrétiens, parlons en langues, nous parlons à Dieu notre Père de secrets spirituels !

Nous sommes les enfants surnaturels d'un Dieu surnaturel, nous avons une mission surnaturelle, et nous faisons face à un ennemi surnaturel. Il est évident que le Saint-Esprit allait nous donner une façon surnaturelle de prier. En priant en langues, nous édifions notre homme intérieur (Jude 1:20), prions selon la volonté parfaite de Dieu (Romains 8:26-27), reposons et rafraîchissons notre âme (Ésaïe 28:11-12), et prions pour le futur, ou l'inconnu (1 Corinthiens 14:2).

Un des chrétiens les plus puissants de notre époque était l'évangéliste britannique Smith Wigglesworth. C'était un homme sans éducation, plombier de métier. Pourtant, chaque continent qu'il visita connut un réveil, et plus de vingt personnes furent ressuscitées des morts. À quoi attribua-t-il son succès ? Il l'attribua à quelqu'un qui lui avait parlé de l'expérience biblique d'être rempli de l'Esprit, et suite à cela, il parla régulièrement en langues, pendant deux heures chaque jour ! Paul, un des missionnaires les plus efficaces du christianisme, dit : « Je rends grâces à Dieu de ce que je parle en langue plus que vous tous. » (1 Corinthiens 14:18). On ne peut pas exagérer l'importance de parler en d'autres langues dans notre vie de prière.

Ne laissez pas le diable vous empêcher de demander au Père de vous remplir du Saint-Esprit. Demandez, et le Père a promis que vous recevrez ! Ensuite, par la foi, commencez à dire les premiers mots inconnus qui vous viendront. J'ai vu de nombreuses personnes vivre cette belle expérience, après avoir dit cette prière :

> « *Seigneur, ta Parole dit que si je demande le don du Saint-Esprit, je le recevrai. Je te demande de me remplir du Saint-Esprit, et de me rendre capable de te parler dans ma propre langue de prière spirituelle. Par la foi, je vais commencer à parler en d'autres langues, inconnues de mon intelligence, mais connues de Dieu. Dans le nom de Jésus, je vais commencer dès maintenant.* » Maintenant, par la foi, commencez à prier Dieu en d'autres langues !

Depuis que vous avez accepté que Dieu pardonne vos péchés au travers de Jésus-Christ, il vous a donné un tout nouvel esprit, « un esprit qui brille comme une luciole ! » Le Saint-Esprit, qui est pur, est venu demeurer en vous pour toujours. Il ne vous abandonnera et ne vous délaissera jamais. Vous serez capable de parler à Dieu, et de prier dans l'Esprit chaque jour. Quel grand privilège il nous a donné !

En continuant de nous nourrir de la Parole de Dieu et de prier dans le Saint-Esprit, nous parviendrons à surmonter toute dépendance, et changer les choses que nous n'aimons pas à notre sujet. Je sais que cela a été le cas pour moi. Aucune religion ne m'a changé. Mais Dieu a ôté mon ancienne nature égoïste, et a placé sa nature aimante dans mon cœur. Dieu a enlevé mes anciens désirs pour des choses qui ne le glorifiaient pas, et a placé en moi des nouveaux désirs, les siens, qui sont purs et saints. Je n'ai pas essayé d'abandonner quoi que ce soit parce que j'avais peur ou me sentais coupable. L'Esprit de Dieu m'a rendu capable de marcher en nouveauté de vie, et m'a donné des opportunités que je n'aurais jamais pu imaginer. Je le loue pour tout son amour !

🪷 🪷 🪷

QUESTION & RÉPONSE

Pourquoi les prophéties de Bouddha sur la fin des temps et la venue de celui qui est saint, ainsi que ses enseignements sur le karma, ne sont-ils pas connus davantage ?

Ce qu'enseigne Bouddha sur les cinq commandements, les dix karmas, les huit fosses de l'enfer, ses paraboles sur les lourdes conséquences du karma, et ses prophéties sur quelqu'un de plus grand que lui, ressemblent tous trop à l'Ancien Testament. Bouddha a vraiment préparé le chemin aux pécheurs, pour qu'ils aient foi en Jésus.

Il y a probablement de nombreuses raisons pour lesquelles les gens n'entendent pas plus de choses à ce sujet, et ce livre vise à les amener à en savoir davantage. Souvenez-vous des rabbins dans l'Ancien Testament : ils avaient tous les éléments pour réaliser que Jésus était l'accomplissement des Écritures, et pourtant, la politique et l'aveuglement religieux les a empêchés d'accepter Jésus comme le Messie. Il ne serait pas très difficile à un bouddhiste moyen de voir les bénéfices éternels de croire personnellement en Jésus-Christ, mais ceux qui sont à la tête du bouddhisme pourraient croire qu'ils auraient plus à y perdre. Ils pourraient se sentir un peu comme les Pharisiens, qui étaient menacés par Jésus. S'ils embrassaient la vérité concernant Dieu, ils ne perdraient, en fait, absolument rien, mais auraient tout à y gagner !

En plus de raisons personnelles, il y a également des facteurs historiques qui expliquent pourquoi les enseignements originaux de Bouddha ont été corrompus, et pourquoi il y a de nombreux désaccords à l'intérieur du bouddhisme.

Nous allons examiner deux de ces facteurs : (1) la fragmentation des dénominations et (2) le texte source du bouddhisme.

23

QUELLE DÉNOMINATION ?

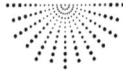

QUE BOUDDHA A-T-IL ENSEIGNÉ ?

Qu'a-t-il réellement dit ? En fait, cela va dépendre de la dénomination bouddhiste à laquelle vous adhérez. Le bouddhisme, tout comme le christianisme, est divisé en plusieurs dénominations[1].

De la même façon que le christianisme est divisé en deux[2] branches principales, le catholicisme et le protestantisme, le bouddhisme est lui aussi partagé en deux[3] branches principales : le Mahayana et le Hinayana.

LE HINAYANA

Bien qu'aujourd'hui il y ait deux dénominations bouddhistes principales, elles étaient nombreuses au départ. À l'époque du roi Asoka[4] (en thaï : « Asoke », en français : « sans douleur »), un des anciens rois d'Inde, il y avait en réalité dix-huit dénominations dans le bouddhisme. Toutes sont maintenant éteintes, exceptée une. La seule qui a perduré parmi ces dix-huit est appelée Hinayana[5].

Le Hinayana est la forme de bouddhisme qui prévaut aujourd'hui au Sri Lanka, au Cambodge, au Laos, au Myanmar, et en Thaïlande. On pourrait l'appeler « **bouddhisme du Sud** ». Il est considéré comme le bouddhisme le plus ancien, le plus strict, et le plus pur. Pour cette raison, il est aussi connu sous le nom de Theravada [6], ou « voie des anciens ».

LE MAHAYANA

Une dénomination plus récente appelée Mahayana[7] émergea en Chine durant le IIème siècle, et jusqu'au VIème siècle se propagea vers la Corée du Sud, jusqu'à atteindre le Japon[8]. Nous l'appellerons donc « **bouddhisme du Nord** ».

En examinant le bouddhisme de Mahayana, vous verrez qu'il s'agit d'un mélange entre certains systèmes de croyances locales et le bouddhisme traditionnel. Ils honorent d'autres bouddhas en plus du Bouddha historique. Ils ajoutent une mythologie d'esprits, de dieux, de déesses, d'esprits protecteurs, et de soi-disant saints du Mahayana (en sanskrit : « bodhisattvas »).

Parmi ces saints, la plus célèbre est Guan Yin[9]. Elle est vénérée comme sainte, de la même façon que les catholiques vénèrent Marie. Il y a une ambivalence chez les catholiques quant à savoir si Marie est un être divin, ou simplement un être humain qui donna naissance au Sauveur du monde. Ils ne disent peut-être pas que Marie est au-dessus de Jésus, mais pourtant, beaucoup d'entre eux la vénèrent plus qu'ils n'adorent Jésus. De même, les bouddhistes du Mahayana finissent par vénérer davantage Guan Yin que Bouddha. Il y aurait une ambivalence chez eux quant à savoir si elle serait ou non une déesse, et pourtant, s'ils devaient prier, ils prieraient d'abord Guan Yin, et non Bouddha. Beaucoup de catholiques ne prieront pas non plus dans le nom de Jésus, mais ils prieront d'abord Marie.

L'HISTOIRE DE L'ADORATION DE LA FEMME

Il est intéressant que l'adoration de la femme se soit développée dans ces deux religions. Évidemment, ce n'est pas ce que Jésus ou Bouddha voulait. Dans le christianisme, le malentendu est tel que beaucoup de musulmans croient que la Trinité fait référence à « Dieu le Père, Marie la Mère de Dieu, et Jésus », concept qu'ils rejettent violemment, ce que font aussi les chrétiens ! Quand nous regardons dans la Bible, nous voyons que Marie était, il est vrai, une femme très particulière, mais qu'elle n'a pas été adorée une seule fois. Personne ne l'a jamais priée. Le christianisme biblique donne au moins trois témoignages à propos de Marie :

- L'ange Gabriel s'adressa à elle : « Tu es bénie *entre* les femmes ! » (Luc 1:28, Bible Darby). S'il avait voulu reconnaître son statut divin, Gabriel aurait dû dire : « Tu es bénie *au-dessus* des femmes ! » Mais il ne le fit pas.
- Marie déclara un psaume de louange, quand elle et sa cousine Elisabeth remercièrent Dieu pour leurs grossesses surnaturelles. Marie chanta : « Mon esprit se réjouit en Dieu, *mon Sauveur* » (Luc 1:47). Qui a besoin d'un sauveur, sinon un pécheur ? Marie reconnut qu'elle était pécheresse, et avait besoin d'un sauveur, comme n'importe qui d'autre. Elle n'était pas sans péché comme le Fils de Dieu qu'elle était destinée à porter. Jésus seul était sans péché, et donc capable de sauver les pécheurs, y compris Marie.
- Quand un homme interrompit le sermon de Jésus en attirant son attention sur la présence de sa mère et de ses frères, Jésus répliqua : « Qui est ma mère, et qui sont mes frères ? Puis, étendant la main sur ses disciples, il dit : Voici ma mère et mes frères. Car, quiconque fait la volonté de mon Père qui est dans les cieux, celui-là est mon frère, et ma sœur, et ma mère. » (Matthieu 12:47-50). Si l'on en croit Jésus, faire la volonté de Dieu est plus important que de prêter attention à Marie.
- Quand une femme interrompit Jésus, il lui donna une réponse semblable. Dans Luc 11:27-28, on lit : « Tandis que Jésus parlait ainsi, une femme, élevant la voix du milieu de la foule, lui dit : Heureux le sein qui t'a porté ! heureuses les mamelles qui t'ont allaité ! Et il répondit : Heureux *plutôt* ceux qui écoutent la parole de Dieu, et qui la gardent ! » Que Jésus était-il en train de dire ? Marie fut bénie d'avoir été choisie par Dieu pour porter son Fils, mais tout chrétien qui entend la Parole de Dieu, et la met en pratique est *plus* béni que Marie !

- Finalement, on peut à nouveau considérer les paroles de Marie elle-même. Il n'y eut qu'une seule occasion où quelqu'un essaya de dépendre de Marie, pour qu'elle intercède pour lui. Ce fut lors du festin de noces à Cana, où le vin manqua. Quelqu'un qui n'avait pas de relation avec Jésus approcha Marie pour l'informer de cette situation délicate. Sa réponse ne fut pas : « Laissez-moi opérer un miracle pour vous ! » Mais elle répondit plutôt : « Faites ce qu'il [Jésus] vous dira. » (Jean 2:5). Marie savait que la clé pour recevoir des miracles de la part de Dieu, c'était d'obéir à Jésus. Il serait bon que plus de chrétiens écoutent ce que dit Marie !

Nous voyons, au travers de tout cela, qu'il n'a jamais été question de prier Marie dans le Nouveau Testament, et la Vierge bénie en aurait elle-même été choquée. L'idée d'adorer Marie n'est rien de plus qu'une invention de l'homme.

Ceux qui en sont adeptes tiendront le raisonnement suivant : si nous devons adorer Jésus, combien plus devrions-nous adorer Marie, sa mère ? En continuant avec cette logique, nous devrions adorer Anne davantage encore ! Anne, pour ceux qui ne le savent pas, était la mère de Marie ! Si nous remontons ainsi, en suivant ce raisonnement humain, jusqu'où irons-nous ? En théorie, nous devrions alors adorer notre ancêtre le plus éloigné, Adam, le premier pécheur. La raison pour laquelle, dans la Bible, nous n'avons pas à adorer nos ancêtres, c'est parce que nos ancêtres sont des pécheurs. Seul Jésus est né sans péché, a vécu sans péché, et est mort sans péché. Jésus est unique. Lui seul est Dieu, et digne d'adoration.

Quand nous parlons du christianisme, nous ne faisons pas référence au culte de Marie, parce que cette pratique n'est pas scripturaire, et a été ajoutée après que Jésus fut ressuscité, et après que la Bible fut achevée. De la même façon, quand nous parlons du bouddhisme, nous ne faisons pas référence au culte de Guan Yin, parce que beaucoup des enseignements du Mahayana apparurent après l'époque de Bouddha.

Certains peuvent se demander pourquoi ils voient parfois des statues de la déesse Guan Yin dans un temple bouddhiste du

Theravada. Les bouddhistes du Theravada sont d'accord de mélanger leurs croyances avec des traditions chinoises, parce que les Chinois sont considérés comme des gens riches. L'argent achète. Ces temples du Theravada ne respectent pas strictement la voie du Theravada. Ils suivent l'argent.

LE VAJRAYANA

Il y a une troisième école du bouddhisme, que je ne vais mentionner que brièvement. Elle s'appelle Vajrayana[10]. C'est une forme de bouddhisme qui existe au Tibet et en Mongolie. On considère que le bouddhisme Shingon au Japon fait partie du Vajrayana.

Le Vajrayana, aussi connu sous le nom de Tantrayana, est plus ésotérique que les autres écoles. Cette branche a des pratiques secrètes, et détiendrait également, comme l'affirment les moines tibétains, des histoires que Bouddha auraient secrètement enseignées à ses disciples.

Ce qui distingue principalement le Vajrayana des autres branches, c'est que par cette voie, on parviendrait à l'illumination plus rapidement, tandis que le bouddhisme impliquait au départ qu'il serait nécessaire d'accumuler beaucoup de mérite, au cours de nombreuses vies, pour atteindre le nirvana. On pourrait dire que le Hinayana est le chemin le plus long, et que le Vajrayana est la voie rapide !

La voie rapide signifie simplement qu'il y a plus de règles, comme pratiquer la circumambulation, une marche rituelle autour de sites et de montagnes sacrés, se prosterner régulièrement, et répéter des prières. Le nouvel initié ne saura pas grand chose de ces règles, parce que le bouddhisme tibétain est fondé sur le secret. Les grands lamas ne sont pas autorisés à partager toutes ces règles aux non-initiés, mais nous savons que ces pratiques impliquent des chants, du yoga, l'usage de cloches et de tambours, et des exercices sexuels visant à rediriger l'énergie sexuelle d'un individu vers un but plus grand. Ces pratiques exigent une très grande discipline, et beaucoup de souffrance.

Un élément commun à de nombreuses religions, c'est la souffrance que l'on s'inflige à soi-même. On peut retrouver cela dans le bouddhisme tibétain, les formes philippine et latine du catholicisme, et l'islam chiite. Dans notre conscience, nous savons tous que nous sommes pécheurs et méritons d'être punis à cause de nos péchés. Seuls les plus sincères d'entre nous, mais aussi les plus induits en erreur, vont jusqu'à s'infliger un châtiment en traitant durement leur corps, allant jusqu'à pratiquer l'auto-flagellation. Si seulement ils savaient que Jésus a souffert une fois pour toute, pour la totalité des péchés de l'humanité, ils seraient soulagés d'apprendre que le prix pour le salut a été payé, et qu'ils n'ont plus besoin de souffrir, ni dans cette vie ni après.

🪷 🪷 🪷

QUELLE DÉNOMINATION BOUDDHISTE ?

Après la mort de Bouddha au Vème siècle avant Jésus-Christ, dix-huit écoles du bouddhisme émergèrent, et furent en compétition les unes avec les autres. Le Theravada est la seule de ces anciennes écoles qui survécut. Alors que le bouddhisme chinois, qui émergea plus tard au Ier siècle avant Jésus-Christ, ajouta de nouvelles écritures[11], intégrant ainsi de nouvelles idées comme la vénération de bodhisattvas[12] ; et que le bouddhisme tibétain, qui émergea seulement au IVème siècle après Jésus-Christ, ajouta de nouvelles écritures[13], apportant de nouvelles instructions sur la façon de préparer un mourant ; le Theravada conserva strictement les enseignements originaux de Bouddha. C'est pourquoi on considère cette branche comme la plus pure « nikai », ou dénomination. Elle devrait être, pour autant que l'on puisse dire, celle qui se rapproche le plus de ce que Bouddha enseigna au départ.

Donc, nous comprenons que le bouddhisme du Theravada est la forme la plus ancienne et la plus stricte. Nous savons également que la Thaïlande est la plus grande nation bouddhiste pratiquante du monde. Ainsi, c'est pour ces deux raisons que nous nous sommes intéressés principalement au bouddhisme tel qu'il est vécu et pratiqué aujourd'hui dans le plus grand pays bouddhiste du Theravada. Cependant, je n'ai pas exclu les perspectives d'autres pays, quand il était utile de les aborder.

Il était nécessaire de parcourir l'ensemble des dénominations bouddhistes, parce que le lecteur doit réaliser que tout ce que je dis peut ne pas être accepté ou approuvé par toutes les dénominations bouddhistes. Cela arrivera, bien entendu, puisqu'il y a de nombreuses divisions, même à l'intérieur de ces dénominations. Cependant, nous pouvons dire que dans la branche la plus ancienne, et à l'intérieur du plus grand pays bouddhiste, voilà ce que la plupart des bouddhistes croient et pratiquent.

❀ ❀ ❀

QUESTIONS & RÉPONSES

Qui est le dalaï-lama ?

Une particularité du bouddhisme tibétain qui vaut la peine d'être relevée est le dalaï-lama. Ce titre fut attribué à un moine tibétain en 1578 par un empereur mongol, et c'est un assemblage de mots mongol et tibétain[14]. Le dalaï-lama était autrefois un prêtre au service des dirigeants de la Mongolie, qui envahirent le Tibet pour la première fois en 1240. Il conserva un certain pouvoir politique au Tibet sous les différents dirigeants mongols et chinois, mais le perdit quand le Tibet tomba sous la domination de la Chine communiste. Le dalaï-lama actuel fut exilé en Inde en 1959, et renonça techniquement à son pouvoir politique, bien que ses sermons restent très nationalistes et politiques.

La croyance en un dalaï-lama résulte du mélange d'influences du bouddhisme chinois et de l'hindouisme. Le bouddhisme en Inde, à l'origine, enseigne que le Bouddha Sakyamuni était la 10ème réincarnation d'une personne, et parce qu'il est devenu Bouddha, son existence prit fin. Il gagna le privilège de ne plus jamais être réincarné. Alors, qui est donc ce dalaï-lama ?

Le dalaï-lama est considéré comme la réincarnation homme du Bouddha de la Compassion, qui en Chine est une femme, la déesse **Guan Yin** (ou Dame de la Compassion), et dont l'identité pourrait avoir été empruntée à un dieu hindou, comme Shiva ou Vishnu. Le dalaï-lama actuel est dit être la 14ème réincarnation de cette personne.

Le dalaï-lama n'aura jamais aucun pouvoir ni influence dans un pays bouddhiste traditionnel, autre que le Tibet. Son existence, en un sens, contredit le bouddhisme. Le bouddhisme tibétain enseigne que ce Bouddha naquit encore et encore, et évidemment toujours au Tibet. Mais le bouddhisme conservateur enseigne qu'une fois que quelqu'un atteint l'illumination, ou devient un bouddha, il cesse complètement d'exister.

La croyance au dalaï-lama est la seule provenant de la troisième branche du bouddhisme qui n'existe qu'au Tibet. On ne considère pas qu'elle fait partie du bouddhisme d'origine en Inde, au Sri Lanka, et en Asie du Sud-Est.

L'actuel 14ème dalaï-lama a déclaré à plusieurs reprises qu'il ne renaîtrait jamais à l'intérieur d'un territoire contrôlé par la République Populaire de Chine, et a occasionnellement suggéré qu'il se pourrait qu'il décide d'être le dernier dalaï-lama, en ne renaissant plus du tout ! ... Ce qui est tout aussi bien, puisque la Chine a récemment voté une loi (en août 2007) qui interdit aux moines bouddhistes du Tibet d'être réincarnés sans l'autorisation du gouvernement[15].

Q u'est-ce que le zen?
Le zen est une forme récente de bouddhisme, qui apparut au VIIème siècle en Chine, puis fut répandu au Japon. Le mot « zen » se réfère au mot sanskrit « dhyana », qui signifie « méditation ». Le zen met l'accent sur l'expérience personnelle directe par la méditation. Les textes sacrés et la connaissance théorique sont regardés avec scepticisme. Les maîtres zen n'accordent pas beaucoup d'importance aux paroles, mais visent plutôt à être en paix en ne recherchant rien. Le zen rejette une recherche érudite de la vérité, ce qui est ironique puisque c'est ce qui est le plus apprécié dans les universités occidentales.

Q ue pensez-vous de la méditation ?
La méditation est importante, tant pour les bouddhistes que pour les chrétiens. Il est intéressant de constater que la plupart des bouddhistes ne pratiquent pas la

méditation, bien qu'étant connus pour cela, tandis que les chrétiens qui croient à la Bible méditent probablement plus qu'ils ne le pensent, sans qu'on le sache pour autant !

Je pense à certaines choses que vivent les bouddhistes et les chrétiens que j'aimerais vous partager, mais le temps et la place sont limités. Je me contenterai donc d'aborder brièvement deux points.

D'abord, le malentendu le plus courant chez les Occidentaux qui méditent, c'est qu'ils pensent qu'ils sont une *intelligence*. Nous avons une intelligence, bien sûr, mais nous *ne sommes pas* une intelligence. La Bible enseigne que Dieu nous a faits à son image, et puisqu'il est un en trois personnes, nous sommes, nous aussi, un en trois parties. Nous sommes faits en trois parties : l'esprit, l'âme et le corps (1 Thessaloniciens 5:23, Hébreux 4:12). L'esprit est la partie de nous qui est réelle et éternelle. On parle également de l'homme caché dans le cœur (1 Pierre 3:4). Si l'on rompt avec quelqu'un que l'on aime, on dit que l'on a le « cœur brisé ». On ne dit pas que l'on a une « tête brisée », n'est-ce pas ?! Parce que nous savons que nous sommes plus qu'une tête, une intelligence, ou un ensemble d'hormones.

Quand vous méditez, au sens où on l'entend en Orient, vous n'êtes pas simplement en train de vous vider la tête. Votre esprit peut quitter votre corps, et des esprits mauvais peuvent alors entrer et posséder votre corps. Les psychologues occidentaux ne croient pas au monde spirituel, ils diront donc qu'il s'agit d'un problème mental. Ceux qui ne gardent pas attentivement leur cœur et leur âme dans la Vérité de la Parole de Dieu, sont exposés à de l'oppression ou de la possession démoniaque. Jésus rencontra beaucoup de ces gens, et les délivra. Ce n'est que lorsque le Saint-Esprit de Dieu vient vivre en vous, qu'aucun démon n'a le droit de vous posséder. Les chrétiens sont le temple de Dieu, et Dieu ne partage sa maison avec aucun mauvais esprit. Je souhaite que plus de gens comprennent ce que sont l'esprit, l'âme et le corps.

Deuxièmement, j'aimerais parler de la différence principale qu'il y a entre la méditation mystique et la méditation biblique. Avec la première, on ne médite sur rien, dans le but de se vider la tête. Avec l'autre, on médite sur quelque chose (la Parole de Dieu), dans le but d'y voir plus clair dans une situation ! Ma femme passe beaucoup de temps à méditer la Bible. Dieu demande à tous les croyants de méditer. Il dit à Josué : « Que ce livre de la loi ne s'éloigne point de ta bouche; médite-le jour et nuit, pour AGIR fidèlement selon tout ce qui y est écrit; car c'est alors que tu auras du succès dans tes entreprises, c'est alors que tu RÉUSSIRAS. » (Josué 1:8). Méditer la Bible est vital, si vous voulez accomplir le plan de Dieu pour votre vie.

24

LES TROIS CORBEILLES (TRIPITAKA)

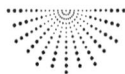

LE TRIPITAKA

*G*énéralement, tout le monde est d'accord pour dire que ce que Bouddha a enseigné est conservé dans un texte sacré, appelé le Tripitaka en sanskrit, ou « Pra-trai-pidok » en thaï, ce qui signifie « les trois corbeilles ». Pourquoi trois corbeilles ?

Les histoires de Bouddha étaient transmises oralement, jusqu'à ce qu'elles soient inscrites sur des rouleaux de feuilles de palmier. Ils ont dû utiliser beaucoup de rouleaux pour écrire les 10 000 histoires de Bouddha, c'est pourquoi ils s'organisèrent en gardant ces rouleaux dans trois corbeilles différentes, d'où « Pra-trai-pidok ». Ici, « pra » est simplement un préfixe honorifique ; et dans « trai », on retrouve la même racine que dans Trinité, voulant dire trois.

Ainsi, on retrouve des racines communes à toutes les langues qui, à l'évidence, nous ramènent à Babylone, où la Bible parle d'une proto-langue confondue en plusieurs (voir Genèse 11).

LINGUISTIQUE

Tandis que des mots courants du quotidien (comme « bonjour », « au revoir », « bienvenue », « merci », « oui », « non », et « je t'aime ») peuvent ne pas se ressembler d'une langue à l'autre, les mots-clés bibliques partagent presque toujours une racine commune dans les langues du monde entier.

- La Trinité est le concept clé du Dieu créateur biblique, et « tri » est la racine pour « trois » dans la plupart des langues européennes et indiennes (« three » en anglais, « tres » en espagnol, « tre » en italien, « drei » en allemand, « tri » en pali-sanskrit).
- La semaine de sept jours est universelle, admise tant chez les bouddhistes que chez les chrétiens. Et pourtant, contrairement à la journée, le mois, ou l'année, la semaine n'est pas basée astronomiquement sur le mouvement du soleil, de la lune, des étoiles, ou même de la terre. La semaine de sept jours est basée uniquement sur l'histoire de la création de Dieu, dans la Genèse, où Dieu créa l'univers en six jours, et se reposa durant le septième jour qu'il appela le sabbat. Quel est le mot désignant la semaine de sept jours dans d'autres langues ? « Settimana » en italien, « semana » en espagnol, « sabda » en thaï. La Vérité universelle de la Bible est inculquée dans toute culture qui a une semaine de sept jours.
- La prédiction la plus ancienne sur la venue d'un sauveur, qui offrirait un sacrifice pour le péché et conquerrait le mal, se trouve dans le livre de la Genèse, où Dieu promit à Adam que la « semence de la femme » (une personne née sans le sperme d'un homme) viendra, et annulera les effets du péché et de la chute de l'homme. Ce messager spécial a été attendu dans de nombreuses cultures, et il est appelé Mashiach en hébreu, al-Masih en arabe, Messiah en anglais, Messie en français, Maitreya en sanskrit, Metteya en pali, Pra-Med-trai en thaï, Miroku en japonais, et Miruk en coréen. La promesse de Dieu en ce qui concerne l'espérance a été gravée dans la mémoire de l'homme, quelle que soit la langue qu'il parle.
- Une des vérités les plus importantes que contient la Bible, c'est combien il est puissant d'invoquer le « nom » du Seigneur. Quand des hommes pécheurs étaient

séparés de Dieu, leur première forme d'adoration était d'invoquer le nom de Dieu. Bien avant que les adeptes du sikhisme ou de Hare Krishna n'adoptent l'idée d'invoquer le nom de Dieu, la Bible indique que, depuis les temps les plus anciens, depuis la troisième génération après Adam : « C'est alors que l'on commença à invoquer le nom de l'Éternel. » (Genèse 4:26) Le Nouveau Testament nous enseigne qu'en invoquant le nom de Jésus, chacun peut être sauvé de ses péchés ! « Alors quiconque invoquera le nom du Seigneur sera sauvé. » (Actes 2:21) La première fois que Pierre prêcha au sujet de Jésus, il dit : « Il n'y a de salut en aucun autre ; car il n'y a sous le ciel aucun autre nom qui ait été donné parmi les hommes, par lequel nous devions être sauvés. » (Actes 4:12) Est-ce surprenant que le mot pour « nom » est l'un des sons les plus uniformes dans toutes les langues ? « Name » en anglais, « nombre » en espagnol, « naam » en hindi, « nam » en thaï, « nanme » en birman, « nama » en indonésien, « namae » en japonais. Cette ressemblance considérable peut difficilement nous échapper.

- Voici un dernier parallèle intéressant. Les patriarches de la Bible (Abraham, Isaac, et Jacob) connaissaient Dieu sous un nom particulier : Shaddaï. Ils vécurent il y a environ quatre mille ans, ou cinq cent ans avant l'époque de Moïse. Une des plus anciennes cultures dans le monde, la culture chinoise, appela Dieu par ce nom-là : Shan Ti. La ressemblance est étrange, et ajoute évidemment du crédit au fait que les premiers Chinois qui s'installèrent en Chine vinrent de Babel, connaissant le Dieu Tout-Puissant. Plus tard, Dieu se révéla à Moïse : « Je suis apparu à Abraham, à Isaac, et à Jacob, comme le Dieu Tout-Puissant [El Shaddaï] ; mais sous mon nom, l'Éternel [Jehovah], je n'ai pas été reconnu par eux. » (Exode 6:3) Les anciens le connurent en tant que Shaddaï, ou Shan Ti, mais les croyants des derniers siècles le connaissent en tant que Jehovah, ou Jésus ! Jésus est la forme grecque du nom hébreu Joshua, littéralement « Seigneur qui sauve ! » Quel nom pour le Sauveur du monde !

Pour en revenir à notre sujet initial, le Tripitaka est le principal texte sacré du bouddhisme. Cependant, de la même manière que les musulmans dépendent du hadîth pour être éclairés sur le Coran, les bouddhistes se réfèrent également à des commentaires non canoniques pour apporter un peu de lumière sur le Tripitaka. Pour ajouter au manque d'uniformité dans le bouddhisme, il existe plusieurs versions du Tripitaka : en pali, en sanskrit, en chinois, en tibétain, en cambodgien, en thaï, etc. Contrairement à la Bible, toutes les versions ne contiennent pas les mêmes histoires[1]. La version tibétaine contient des histoires qu'on ne trouve nulle part ailleurs, ainsi que des enseignements secrets. La version chinoise est probablement la plus volumineuse, faisant jusqu'à cent vingt fois la taille de la Bible ![2] Comparez cela au canon pali, qui reste d'un volume important, allant jusqu'à faire quinze fois la taille de la Bible[3]. La version la plus conservatrice est celle en pali.

Personne n'est sûr de la période à laquelle le Tripitaka fut écrit. Les enseignements étaient d'abord transmis oralement, et ensuite rédigés, n'importe quand entre 247 avant Jésus-Christ et 500 après Jésus-Christ, c'est-à-dire un millier d'années après l'époque où vivait Bouddha ! Les premiers manuscrits thaïs répertoriés datent de 1477 ; mais la plupart des manuscrits datent de bien plus tard, après les années 1800.

Puisque les textes bouddhistes sont très tardifs, je suppose que la religion hindoue, étant dominante, avait largement le temps de réaffirmer son influence sur la religion d'un hindou hérétique. Bouddha n'a pas suivi l'hindouisme et ses idoles. Je remets en question certains enseignements attribués à Bouddha, comme des assertions plus tardives de ses pouvoirs miraculeux, ou sa croyance en la réincarnation. Ils ressemblent plutôt à de l'hindouisme qu'on incorporerait dans le bouddhisme. Ils ne correspondent tout simplement pas à un homme qui recherchait une voie pour échapper à la souffrance, et qui rejeta l'hindouisme justement parce qu'il n'était pas cette voie.

Il est intéressant de noter que les Occidentaux remettent rarement en question la fiabilité de l'histoire de Bouddha, mais se sentent obligés de discréditer sans cesse la fiabilité de l'histoire de Jésus. Leur rejet n'est pas basé sur les faits, mais sur de l'ignorance ou des préjugés. Contrairement au Tripitaka, tout le Nouveau Testament fut écrit par des témoins oculaires de Christ, dans les cent ans qui ont suivi les évènements, et les tout premiers manuscrits sont datés du premier siècle. Aucun autre ouvrage littéraire historique n'est aussi bien attesté que la Bible.

LES TROIS CORBEILLES

Le Tripitaka contient quarante livres dans l'édition birmane, quarante-cinq livres dans l'édition thaïe, ou cinquante-sept livres dans l'édition en pali, catégorisés en trois sections, ou littéralement dans trois corbeilles.

La première corbeille est celle de la **discipline** : « Winayan » en thaï, ou « Vinaya » en pali. Les livres 1 à 8 de l'édition thaïe appartiennent au « Winai-pidok » (en thaï), ou « Vinaya-pitaka » (en pali). Ils contiennent les règles et les lois qu'un bouddhiste doit respecter pour pouvoir échapper à ses péchés et aller au ciel. Il y en a vraiment beaucoup à garder. Ce qui est intéressant, c'est que lorsque des Occidentaux enseignent le bouddhisme comme religion de paix et de liberté, ils mettent rarement l'accent sur ces règles. La toute première et la plus importante partie du Tripitaka, c'est celle des règles. Sans suivre les lois morales, vous ne pourrez jamais échapper au karma ou à la souffrance qui en résulte.

La deuxième partie est celle de la **doctrine** : « Tamma » en thaï, ou « Dharma » en sanskrit, qui signifie « vérité » ou « enseignements». Cette section comprend les sutras, ou histoires de Bouddha et de ses disciples. C'est pour cette raison qu'on les connaît aussi sous le nom de « Sutras » (« fils » ou « cordes » en sanskrit), ou « Sutta » (« fils » en pali). Bouddha enseigna pendant environ quarante-cinq ans, et ses disciples continuèrent après lui, enseignant et racontant les mêmes histoires qu'il leur avait dites. Ensemble, elles forment les enseignements bouddhistes, ou « tamma », auxquels on accorde beaucoup d'importance. Les livres 9 à 33 appartiennent au « Suttata-pidok » (en thaï), ou « Sutta-pitaka » (en pali).

La troisième partie est un **commentaire** sur la doctrine : « Abhi-tamma » en thaï, ou « Abhi-dharma » en sanskrit. Ce nom signifie littéralement « au-delà du dharma », ou « plus haut que le tamma ». Dans cette section, on tente d'expliquer, de reformuler, et de réorganiser les histoires en une théologie systématique. Les livres 34 à 45 appartiennent à l'« Abhi-tamma-pidok » (en thaï), ou « Abhidhamma-pitaka » (en pali).

L'Abhidharma fut assemblé des centaines d'années après la mort de Bouddha. Au Sri Lanka et au Myanmar, l'Abhidharma est la partie la plus vénérée ; par contre, elle jouera un rôle secondaire en Thaïlande par rapport aux deux autres parties. Cette troisième section est très dense et difficile à comprendre. C'est une partie du Tripitaka plus théorique et philosophique, et la plupart des bouddhistes ne l'ont jamais lue. S'ils veulent vraiment en savoir plus là-dessus, ils liront éventuellement des commentaires sur le commentaire.

COMPARAISON DE LA BIBLE ET DU TRIPITAKA

La Bible et le Tripitaka ne devraient pas être vus comme deux livres en compétition. Le Tripitaka contient l'histoire d'une région du monde, l'Inde, tandis que la Bible contient l'histoire d'une autre région du monde, Israël.

Le sujet principal du Tripitaka, c'est l'homme. Celui de la Bible, c'est Dieu.

Le Tripitaka est rempli d'instructions pour pouvoir devenir une meilleure personne, mais n'apporte pas de réponse à des questions comme « D'où venons-nous ? », « Où allons-nous ? », et « Quel est le but de la vie ? ». La Bible répond à toutes ces questions, sans contredire les instructions données aux gens pour être de bonnes personnes. Les Dix Commandements de Moïse (1500 avant Jésus-Christ) sont repris dans quatre des cinq lois morales de Bouddha (550 avant Jésus-Christ), et même le commandement de Dieu contre l'idolâtrie (le deuxième commandement de Moïse) est repris ailleurs dans les enseignements de Bouddha (en pali : « appa-mano », ne fabriquez pas d'idoles ! « a-mita-bucha », n'adorez rien de matériel !).

La Bible est écrite en langue courante, et on la considère comme le manuel pour le salut de chaque chrétien. Le Tripitaka est écrit dans une langue étrangère, ou traduit en une langue très archaïque qu'une personne moyenne ne comprendra pas. Mais cela va changer, puisque de nouvelles éditions du Tripitaka sont en train d'être révisées. Cependant, en dehors des quelques histoires enseignées aux enfants à l'école, le Tripitaka restera toujours du domaine des moines et des érudits. Rien qu'à cause de son volume considérable (quarante-cinq livres), le grand public ne le lira jamais, du moins pas de la même façon qu'une mère de famille, un homme d'affaires ou un pasteur attraperait sa Bible pour la lire tous les jours. Beaucoup de familles chrétiennes lisent ensemble la Bible en entier chaque année ! C'est complètement irréalisable par la famille bouddhiste type.

Enfin, le Tripitaka est rempli d'instructions pour pouvoir contrôler la chair. (Même la méditation, qui a un but spirituel, commence par un contrôle de la chair. Être un moine implique de renoncer à la chair, de se raser la tête, et de porter une toge.) Cela fonctionne de l'extérieur vers l'intérieur. La Bible est remplie d'instructions pour que les pécheurs se repentent et croient en Dieu de tout leur cœur. Dieu travaille de l'intérieur vers l'extérieur. Cela ne contredit pas le Tripitaka, mais fonctionne simplement dans un autre sens. Dieu veut d'abord changer notre esprit. Même si selon la chair vous faisiez tout de la bonne façon, vous iriez tout de même en enfer à votre mort, parce que votre esprit n'est pas sauvé. Dieu se charge de notre nature en la remplaçant par celle de son propre Fils.

Comment la Bible et le Tripitaka sont arrivés jusqu'à nous

Il y a au moins cinq grandes différences entre la façon dont la Bible et le Tripitaka sont apparus au cours de l'Histoire.

Premièrement, le Tripitaka fut transmis oralement, tandis que la Bible fut plutôt littéralement gravé dans la pierre dès le début ! Dieu écrivit les premiers Dix Commandements sur deux tablettes de pierre, puis demanda à Moïse d'inscrire chaque parole de Dieu, et l'histoire de ce que Dieu faisait avec cette nouvelle nation d'Israël. Depuis les temps anciens, Israël était une société dans laquelle on savait lire et écrire, à 100%. Dieu ordonna à Moïse d'écrire[4], aux parents d'écrire[5], aux rois d'écrire[6], et aux prophètes d'écrire[7]. Les écrits de la Parole de Dieu furent répandus rapidement parmi les gens religieux et séculiers. Par contre, le Tripitaka fut confié à la mémoire. Pendant longtemps, tous les moines devaient réciter les 227 lois du Winai-pidok tous les quinze jours. Échouer à cela méritait un châtiment.

Deuxièmement, quand le Tripitaka fut écrit, deux choses uniques eurent lieu. La première, c'est qu'il fut rédigé dans une langue qui n'avait pas de système d'écriture : le pali. Cela signifie que le pali a dû être translittéré en plusieurs systèmes d'écriture indiens et asiatiques. Ensuite, les textes furent écrits sur des feuilles de palmier[8] reliées par une ficelle[9]. Elles font penser à un éventail chinois replié, simplement de plus grande taille. C'était des milliers de feuilles !

Par contre, la Bible fut écrite dès le début sur du papyrus, des peaux de bête, et des plaques de cuivre. On trouve ces trois exemples parmi les rouleaux de la mer Morte qui datent de 250 avant Jésus-Christ à 100 après Jésus-Christ. Dans l'atmosphère sèche du désert, les textes bibliques furent très bien préservés. Dans le climat humide d'Asie, les feuilles de palmier n'ont pas bien survécu. La plupart d'entre elles ont pourri. Ainsi, nous n'avons plus les originales pour les comparer à la version actuelle du Tripitaka.

Troisièmement, contrairement à la Bible, le Tripitaka ne fut jamais publié en un seul volume avant le XXème siècle. Il y avait des milliers de feuilles de palmier avant cela, et il n'y a aucun moyen de savoir si toutes ces feuilles furent fidèlement recopiées et rassemblées dans le Tripitaka d'aujourd'hui.

Quatrièmement, contrairement à la Bible, le Tripitaka ne fut pas organisé en chapitres et versets. Tout chrétien peut trouver une référence biblique, si on lui indique un chapitre et un verset. Ils ne changent pas d'une Bible à l'autre, ni d'une langue à l'autre. Les références au Tripitaka étaient très différentes, selon la version du Tripitaka à laquelle un moine se référait. S'il parlait des feuilles de palmier, il pouvait se référer à elles en tant que « pook »[10] 1, 2, 3, etc. ou en donnant le titre d'une histoire connue de l'auditeur. Cependant, s'il lisait d'un livre relié, il indiquait aux moines qui étaient avec lui d'aller à telle page, et telle ligne. Bien sûr, les pages et les lignes pouvaient être différentes d'une édition à l'autre. Aujourd'hui, on peut trouver un Tripitaka en ligne, où les paragraphes sont clairement numérotés, mais cela n'a été fait que récemment.

Le fait qu'il n'y ait pas d'organisation universelle signifie deux choses pour nous. La première, c'est qu'il n'est pas facile de trouver des références anciennes à des histoires bouddhistes. Ensuite, il n'y a tout simplement aucun moyen de garantir que chaque ligne de chaque histoire du Tripitaka original fut fidèlement recopiée dans la version actuelle.

Les rabbins juifs, d'un autre côté, connaissaient le nombre exact de lettres hébraïques dans la Torah (« Loi » en hébreu, ce sont les cinq premiers livres de la Bible). Le nombre de lettres dans la Torah est de 304 805. C'est ainsi que l'on sait que la Bible a été fidèlement recopiée, à la lettre près, et comment les codes bibliques (sauts équidistants de lettres) sont possibles. Si une lettre venait à manquer, tout code intentionnellement placé par l'Auteur échouerait. C'est-à-dire que tout message encodé serait impossible à décoder. Mais en réalité, nous trouvons vraiment beaucoup de codes intelligents dans la Bible, attestant non seulement de son origine surnaturelle, mais aussi d'une conservation absolument fidèle.

Cinquièmement, contrairement à la Bible, le Tripitaka a été sujet à de nombreuses révisions et corrections majeures. À côté de toutes les corrections et actualisations mineures qui peuvent être faites aussi régulièrement que tous les dix ans, il y eut des révisions d'ensemble lors des conciles bouddhistes. Les Birmans affirment que six conciles eurent lieu, pour se mettre d'accord sur les doctrines bouddhistes, et les réviser. Les Thaïlandais affirment qu'il y en a eu neuf au cours de l'Histoire.

Un concile déterminant pour les Thaïlandais, qui ne figure généralement pas sur la liste officielle, fut ordonné par le premier roi de Thaïlande[11], afin de sauvegarder les textes bouddhistes détruits lors d'une attaque sur Ayutthaya par les Birmans en 1767.

25

LES SIX CONCILES BOUDDHISTES

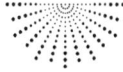

*haque concile eut lieu pour rendre la doctrine plus pure et corriger les erreurs, les mauvaises interprétations, et les hérésies. Les six conciles bouddhistes acceptés de tous furent :

Le premier concile en 543 avant Jésus-Christ, trois mois après la mort de Bouddha[1]. On disait de son cousin et disciple favori Ananda qu'il était doté d'une excellente mémoire, et avait retenu tout ce que Bouddha avait dit. Le seul problème, c'était qu'Ananda n'était pas encore devenu un bouddha. Quelle coïncidence qu'on annonçât justement qu'Ananda parvint à l'illumination la nuit précédant le concile. Maha-Gasapa[2] présida le concile. Rien ne fut inscrit, mais les deux premières parties du Tripitaka furent confiées à la mémoire.

Maha-Gasapa et Ananda sont souvent représentés de part et d'autre de Bouddha dans l'art bouddhiste.

Le deuxième concile en 443 avant Jésus-Christ[3], cent ans après la mort de Bouddha. Il en résulta une division au sein du sangha, ou communauté religieuse.

Le troisième concile en 250 avant Jésus-Christ, 293 ans après la mort de Bouddha. Le roi Asoka avait pris le contrôle de l'Inde en tuant tous ses frères, sauf un, Tissa. Le roi voulut s'occuper des nombreuses hérésies bouddhistes à cette époque-là. Le premier mode d'action fut violent. Son ministre marcha le long d'une ligne de moines assis, et décapita tous les « hérétiques », jusqu'à ce qu'il arrive à Tissa. Puis, on décida qu'un concile serait une meilleure façon de débarrasser le sangha des hérétiques, et de clarifier le Tripitaka. Quand on tomba d'accord sur une orthodoxie acceptable, elle fut mémorisée, et on la récitait. Le roi Asoka envoya des missionnaires pour la propager dans tout le monde connu, et se vanta même d'avoir envoyé des missionnaires jusqu'en Grèce antique !

Pour ceux qui pensent que le bouddhisme n'est pas une religion dans laquelle on partage sa foi, on peut se demander comment le bouddhisme s'est propagé dans le reste de l'Asie. La version du Tripitaka du troisième concile parvint au Sri Lanka, et elle est connue comme le canon pali, ou « enseignements des anciens » (Theravada).

Le quatrième concile en 100 après Jésus-Christ, 643 ans après la mort de Bouddha. À cette époque-là, il était évident que la plupart des moines ne pouvaient pas réciter le Tripitaka en entier. La rencontre eut lieu au Cachemire, dans le nord de l'Inde, où 449 moines composèrent un nouveau canon, et l'écrivirent sur des feuilles de palmier. Le canon fut composé à partir d'un mélange de croyances provenant de plusieurs dénominations bouddhistes. Il fut catégoriquement rejeté par l'école Theravada.

Cela marqua clairement le début d'une divergence sérieuse entre le Theravada et le Mahayana. Le Theravada se base sur le pali, et le Mahayana sur le sanskrit.

Le cinquième concile en 1871, plus de 2400 ans après la mort de Bouddha. La période de temps qui s'écoula entre les quatrième et cinquième conciles est de 1700 ans ! On ne trouve pas de tel intervalle dans le développement d'une autre religion majeure du monde ! Le monde avait considérablement changé depuis 100 après Jésus-Christ : la colonisation occidentale battait son plein et le christianisme impactait le monde. Se rencontrant pour la première fois hors de l'Inde, à Mandalay, en Birmanie, les moines corrigèrent des erreurs dans le Tripitaka, et gravèrent la nouvelle version sur 729 tablettes de marbre. **Le sixième concile** de 1954 à 1956, un événement plutôt récent ! Il s'est tenu à Rangoon, en Birmanie. Le concile devait coïncider avec le 2500ème anniversaire du bouddhisme, donnant lieu à une grande célébration en Birmanie.

D'autre part, si la Bible avait dû être révisée de quelque façon majeure dans les années 1950, cela aurait été une question extrêmement controversée. Le fait que le Tripitaka fut révisé si récemment signifie que les moines d'aujourd'hui eurent l'occasion de « supprimer » toute ressemblance entre les paroles de Bouddha et celles de Jésus. Au XXème siècle, le christianisme était déjà bien connu, et il aurait été facile à quiconque de laisser de côté des parties du Tripitaka qui rappelleraient trop aux gens le christianisme. Je ne suis pas en train de dire que cela a été fait délibérément. Peut-être que certains voulaient sincèrement éviter qu'il y ait une confusion. Pour cette raison, il est important de se référer parfois à des sources qui datent d'avant 1956.

🪷 🪷 🪷

NOTRE SOURCE

Je vous donne un aperçu sur les textes bouddhistes pour que vous sachiez pourquoi les informations dont nous parlons ne sont toujours pas largement connues ; cependant, elles ont vraiment besoin d'être entendues par le monde entier ! Je sais que beaucoup d'autres gens connaissent et partagent ces vérités ! Nous avons le privilège d'être parmi les premiers à traduire et publier ces textes bouddhistes, sur lesquels les Occidentaux insistent rarement quand ils parlent du bouddhisme.

LE ROI NARESUAN

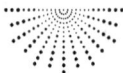

UN HOMME EN ÉCHANGE DU MONDE ?

𝒰ne question que posent régulièrement les bouddhistes est : « Comment un seul homme peut-il mourir pour les péchés du monde entier ? » Il y a quelques histoires que j'aime utiliser pour répondre à cela. Je vais vous en donner deux.

LA NÉGOCIATION D'OTAGES

J'aime utiliser cet exemple à chaque fois que l'on entend parler d'une crise avec prise d'otages. Une fois, des terroristes birmans mécontents prirent des Thaïlandais en otages à l'ambassade birmane de Bangkok. À présent, supposez que l'un des otages fasse vraiment preuve de noblesse, et se sente poussé à négocier avec les terroristes en leur proposant la chose suivante : « Vous savez, il y a vingt otages ici ; pourquoi ne me garderiez-vous pas juste moi, en laissant partir les dix-neuf autres ? » Qu'auraient pensé les terroristes ? « En laisser partir dix-neuf, et ne garder qu'un seul d'entre vous ? Pourquoi faire ?! Tu n'as pas plus de valeur pour nous que le reste des otages ! » Effectivement.

Mais maintenant, supposez que le Premier ministre thaï arrive à l'ambassade et fasse l'offre suivante : « Laissez partir les vingt otages thaïs, et prenez-moi en otage à leur place.» Les terroristes auraient-ils accepté ? Plutôt, oui ! Parce que sa haute fonction lui donne plus de valeur que vingt, cinquante, ou même une centaine d'otages ordinaires !

De la même façon, quand nous comptons sur un homme pour nous sauver, nous nous confions en un otage semblable à nous, qui lui aussi est un pécheur, et n'a pas plus de valeur que nous ! Christ, par contre, est le leader des cieux, sans défaut. Christ est un otage qui a plus de valeur pour l'enfer que tout le reste de l'humanité ! Lorsqu'il mourut sur la croix et descendit en enfer, l'enfer s'est réjoui ! Mais cette joie fut de courte durée, parce que trois jours plus tard Jésus ressuscita des morts !

Cette analogie marche tout aussi bien quand des terroristes musulmans gardent en otages des soldats juifs ou des civils étrangers. Si le Premier ministre juif devait jamais négocier avec eux et leur faire une proposition, il pourrait dire : « Laissez les soldats et les civils partir, et prenez-moi en otage à leur place.» Les terroristes musulmans ne manqueraient pas cette opportunité, parce que la vie d'un chef d'État leur donne plus de poids pour négocier qu'un avion rempli de civils.

Jésus est le chef d'État le plus important, il est le Roi des cieux. Dieu aime son Fils plus qu'aucun parent n'a jamais aimé son enfant. Pour Dieu, la vie de Christ a une valeur bien plus que suffisante pour pouvoir être donnée en échange de tous les pécheurs. Dieu considère que le temps que Jésus passa en enfer vaut plus que tout le travail qui a été fait par l'homme, depuis la création du monde jusqu'au jour où il sera détruit ! Jésus est réellement très précieux !

LE ROI NARESUAN

Une deuxième analogie est celle de l'histoire vraie de Pra-Naresuan[1], le fils de Pra-Maha-Thammaracha. Quand la Thaïlande se battit et perdit contre la Birmanie, cette dernière emmena le fils du roi en échange de la paix. Au lieu de laisser la nation entière être réduite en esclavage, le prince donna sa vie pour assurer la liberté du reste du peuple thaï. Pra-Naresuan suivit ensuite un entraînement de haut niveau en arts martiaux et fut formé dans les stratégies militaires auprès de ses gardiens birmans. Mais trois ans après la mort du roi birman, il mena une révolte contre eux et en fut victorieux. Il continua de mener de nombreuses campagnes militaires couronnées de succès, en aidant l'État Shan à gagner son indépendance de la Birmanie, en prenant la ville de Chiang Mai en 1600, et en étendant au maximum les frontières du Siam.

Les parallèles entre Pra-Naresuan et Jésus sont incontestables. Tous deux étaient fils de roi. Tous deux furent donnés en échange pour la liberté des autres. Tous deux, enfin, conquirent ceux qui les détenaient, et étendirent leur royaume. Tous deux furent des héros !

La morale de cette histoire, c'est qu'une seule vie *peut* libérer un peuple entier. Jésus donna sa vie sans péché en échange de la liberté du monde entier !

J'aime utiliser des analogies de l'histoire asiatique qui seront utiles aux chrétiens pour établir un contact avec des bouddhistes. Ces histoires familières peuvent être des outils pour aider les bouddhistes à devenir des disciples. Je suis limité par la place et je dois m'en tenir au but de ce livre, qui est de vous permettre de comprendre le bouddhisme tel qu'il est vécu dans la réalité, et briser des mythes sur le bouddhisme que beaucoup d'Occidentaux entretiennent. Par la suite, si j'en ai l'opportunité, je souhaiterais écrire un autre livre qui traitera spécifiquement de comment évangéliser les bouddhistes et en faire des disciples.

🌸 🌸 🌸

QUESTIONS & RÉPONSES

Vous n'avez pas encore mentionné la doctrine bouddhiste du « non-soi ». Comment pouvons-nous évangéliser des gens qui ne croient pas qu'ils ont une âme qui leur est propre, et qui est consciente après leur mort ?

Je n'ai pas évoqué la doctrine du « non-soi » (en pali : « anata ») ni les « cinq agrégats » (en pali : « khandas »), parce que cela reste du domaine de la théorie. Dans la pratique, je ne connais personne qui croie qu'il n'ait pas d'âme ou qu'il soit fait de cinq agrégats qui vont disparaître à sa mort. Seuls les moines pourraient étudier ces choses. Quand vous évangélisez, vous n'avez pas besoin de vous soucier de cela. Je n'ai encore jamais rencontré de bouddhiste qui me fasse cette objection.

Je vais simplement faire référence à quelqu'un qui a étudié la question plus que moi. Scott Noble a écrit un livre intéressant qui s'appelle *The Buddhist Road Map* (la carte du bouddhiste), dans lequel il démontre combien croire en « anata » conduirait les gens à de nombreuses contradictions : « La doctrine du « non-soi » ébranle tout le raisonnement sur... la légende des renaissances de Bouddha Sakyamuni. Sans âme, quel lien le ferait-il passer d'une vie à l'autre ? » et à nouveau : « S'il n'a pas d'âme, pourquoi un bouddhiste ferait-il tant d'efforts pour être libre et ne plus avoir à renaître ? Et pourquoi dit-on que Sakyamuni affirma, à l'époque de sa « dernière » naissance, qu'il était né pour la dernière fois ? La dernière naissance DE QUI ? »[2]

Vous n'avez pas encore parlé non plus du chemin octuple. Pouvez-vous nous dire quelque chose à ce sujet ?

La plupart des bouddhistes que j'ai rencontrés ne peuvent pas nommer le chemin octuple (en thaï : « Ariya mak pad »), et essayent encore moins de le suivre. Ce n'est pas une réalité dans la pratique pour la plupart d'entre eux. Beaucoup de bouddhistes essayent, par contre, de garder les cinq lois morales (en thaï : « seen ha »), mais même les moines n'atteignent pas cet idéal. Nous sommes tous des pécheurs coupables qui avons besoin du Sauveur.

Le chemin octuple peut être divisé en trois parties :

- « seen » (des règles morales pour contrôler la parole et les actes) ;
- « samathi » (des exercices de méditation pour contrôler le corps) ;
- « panya » (la sagesse pour contrôler la pensée).

Il est impossible de parvenir à se maîtriser dans tout cela, parce que nous avons tendance à nous relâcher et à nous lasser de faire le bien (le christianisme appelle cela la « nature pécheresse »). Comment pouvons-nous parler de maîtriser les « samathi » ou d'avoir la « panya », alors que nous n'avons même pas observé le moindre des « seen » ?

C'est pourquoi je ne parle pas du chemin octuple quand je partage ma foi. Cependant, je crois vraiment à ces nobles objectifs. Je crois que c'est la volonté de Dieu pour nous que nous observions les « seen », pratiquions les « samathi » et ayons la « panya », mais comment chacun de nous peut-il parvenir à cela dans la réalité ?

Lorsque je choisis de donner ma vie à Jésus, il envoya son Saint-Esprit en moi, qui transforma mon ancienne nature en sa nouvelle nature. En un instant, je devins une nouvelle créature en Christ. Mon cœur fut changé. Alors qu'auparavant j'étais égoïste dans le naturel, je devins moins égoïste et plus aimant. Que s'était-il passé ? Ce n'était pas le fruit de mes propres efforts. L'amour de Dieu faisait désormais partie de ma nouvelle nature. La Bible dit des chrétiens : « L'amour de Dieu est répandu dans nos cœurs par le Saint-Esprit qui nous a été donné. » (Romains 5:5) La maîtrise de soi fait aussi partie de notre nature. « Le fruit de l'Esprit, c'est l'amour, la joie, la paix, la patience, la bonté, la bienveillance, la foi, la douceur, la maîtrise de soi... » (Galates 5:22-23).

Vous voyez, Dieu commence à œuvrer à l'intérieur de nous, dans notre esprit, et alors que nous lisons la Bible et y obéissons, notre pensée et notre corps se conforment à l'image de Christ. Tandis que nous permettons à Dieu d'œuvrer en nous, il nous rend capables de vivre selon les principes moraux, de méditer dans un esprit de prière, et de manifester la sagesse de Dieu indépendamment de notre âge.

Le chemin octuple est une tentative d'atteindre ces idéaux de l'extérieur vers l'intérieur, en commençant par contrôler la chair et la pensée, mais sans jamais toucher un cœur brisé ni résoudre un problème de péchés cachés. Dieu commence par notre moi profond : l'homme qui est « à l'intérieur et caché dans le cœur » (1 Pierre 3:4), puis œuvrera petit à petit vers l'extérieur. Cela est possible chez tout le monde.

Il y a sans aucun doute de nombreux autres points du bouddhisme dont je n'ai pas parlé. Si vous vous intéressiez justement à l'un de ces points, veuillez me pardonner. Mon but est de parler de ce qui se rapporte le plus au **plus grand besoin de l'homme**, qui est d'être *sauvé de ses péchés* ou *délivré du karma*. Pour rendre témoignage, il n'est nullement nécessaire à un chrétien d'aller trop en profondeur dans les enseignements théoriques du bouddhisme. Les bouddhistes sont généralement des gens pratiques.

Jésus-Christ, Dieu merci, est également quelqu'un de très pratique. Peut-être est-ce pour cela qu'en tant qu'être humain, il choisit un métier aussi pratique que celui de charpentier, plutôt que de s'adonner à la méditation.

RÉSUMÉ

FAIRE LE POINT

*B*ouddha dit que pour un seul péché mental (« mano-gum »), le père du roi Asoka avait à renaître un nombre infini de fois : il devait vivre autant de vies entières que d'écailles sur le dos d'un serpent.

Jésus nous donna avec plus de précision la dette exacte que doivent les pécheurs, dans la parabole du roi et du serviteur ingrat. Dieu, en tant que Roi et créancier, a donné à chaque homme la lumière, l'air, la nourriture, l'eau, le souffle, un cœur qui bat, des ressources, des relations, et des opportunités dont nous pouvons faire usage et profiter. L'homme utilise son souffle pour mentir, son cœur pour entretenir de mauvais désirs, les ressources des autres en commettant des vols, les relations pour qu'elles lui profitent à lui-même, et les opportunités pour qu'elles le mettent en avant. Parce qu'il pèche, l'homme doit à Dieu dix mille talents, une dette spirituelle dont il ne sera jamais capable de s'acquitter.

Nous avons vu qu'un talent équivaut à 6000 deniers, qui équivalent à 6000 journées de salaire. Ainsi, dix mille talents équivalent à soixante millions de deniers, c'est-à-dire la valeur de soixante millions de jours entiers, ou de 1644 vies entières de travail.

Si vous êtes un pécheur, vous êtes dans de beaux draps parce qu'il vous reste probablement moins de quinze mille jours à vivre (environ cinquante ans), et demain n'est nullement garanti. Par ailleurs, seulement 2,2 millions de jours se sont écoulés (approximativement 6000 ans[1]) depuis que le premier homme fut créé !

Donc, Dieu vit du haut des cieux que nul homme n'était en mesure de payer la dette karmique de l'humanité. Chaque homme était débiteur. Chaque homme avait un « gilead tanha », ou nature pécheresse. Et Dieu fut rempli de compassion, et vint lui-même payer pour les péchés de l'homme !

Afin d'être puni selon la loi à la place de l'humanité, Dieu devait devenir un homme en ayant un corps humain. Il le fit en se dépouillant lui-même de sa toute-puissance et de sa gloire (Philippiens 2:7), empruntant le ventre de la vierge Marie[2] pour arriver sur terre en tant que nouveau-né à Bethléhem[3]. En tant que Propriétaire de l'univers, le Fils de Dieu avait bien plus de valeur que l'univers entier !

Tout comme Pra-Naresuan, le fils du roi, qui put donner sa vie en échange de la liberté de tout le peuple thaï, de même le Fils de Dieu put donner sa vie en échange de la liberté de toute l'humanité. Grâce au sacrifice du Roi, nous n'avons plus à craindre ni Satan, ni la mort, ni l'enfer ! Tout ce que nous avons à faire, c'est nous repentir, croire en Jésus, et être reconnaissant chaque jour pour son sacrifice qui acquit notre liberté à grand prix ! Jésus paya le prix le plus élevé pour notre salut !

Savez-vous que si vous expliquiez l'Évangile de cette façon aux bouddhistes, beaucoup d'entre eux lèveraient leur main et diraient humblement : « Je suis reconnaissant de ce que Jésus a fait pour moi ! », parce qu'ils savent que ce qu'a enseigné Bouddha est vrai, mais qu'il ne fut jamais en mesure de payer pour leurs péchés. Si les gens comprenaient à quel point Jésus est désintéressé, ils ne voudraient plus jamais le quitter.

Si l'on présentait Jésus comme la solution au karma et au « tukka » (souffrance résultant du karma), beaucoup de bouddhistes réaliseraient : « Si je n'accepte pas que Jésus paye pour mon karma, je vais devoir payer moi-même. Même si je pouvais être réincarné, j'aurais toujours une dette d'au moins 1644 vies pour tous mes péchés, selon le Seigneur Jésus. Le problème, c'est qu'à chaque fois que je renais, je pèche davantage encore. C'est le cercle vicieux du péché et de la condamnation. » Dieu merci, il y a de l'espérance en Jésus-Christ !

Que se passerait-il si Jésus avait décidé de ne pas mourir pour les pécheurs ? Eh bien, 100% d'entre eux iraient en enfer. Je frissonne à cette idée. Je sais que j'aurais pu être l'un d'eux. Je suis si reconnaissant que Jésus ait décidé de mourir pour mes péchés. Êtes-vous reconnaissant qu'il ait été volontairement sacrifié ? Il l'a fait pour vous. Vous avez tant de valeur pour Dieu. Oui, Dieu vous aime énormément.

🪷 🪷 🪷

QUESTION & RÉPONSE

Comment devrais-je témoigner à quelqu'un qui croit à la réincarnation ?

Il n'y a aucune raison de débattre sur le sujet de la réincarnation, car : (1) nous n'en avons aucune preuve, et (2) elle ne fait que remettre à plus tard la question : « Comment et quand vais-je être débarrassé de la souffrance ? » Les vrais bouddhistes veulent se débarrasser du karma et mettre fin à la réincarnation. Si la souffrance est le problème dans la vie, la réincarnation n'est pas la solution, au contraire, elle ne fait vraiment qu'en rajouter !

Je vous conseille de parler des lois morales pour que la personne réalise si elle est ou non une assez bonne personne pour aller au ciel, puis donnez-lui une illustration des lourdes conséquences du péché avec l'une des histoires de Bouddha, comme *Le roi Asoka et le python*, *La tortue aveugle*, ou *L'ange et la pierre*.

L'un de mes amis utilisa ce que j'ai enseigné, pour engager une conversation avec une bouddhiste du Sri Lanka au sujet de sa condition spirituelle. Voici ce qu'il me dit :

J'ai rencontré une femme bouddhiste du Sri Lanka. Elle n'était pas très ouverte à Dieu. Je lui ai demandé si elle croyait être une bonne personne. Elle pensait que oui. Je lui demandai ensuite si elle observait tous les commandements de Bouddha. Elle n'en était pas sûre. Alors, je lui dis : « Avez-vous jamais menti ? Avez-vous jamais volé quelque chose ? Avez-vous jamais détesté quelqu'un ? » À chaque fois, elle répondit que si, mais trouvait des excuses pour ses péchés.

Elle dit : « J'ai dû mentir parfois pour me sortir d'une mauvaise situation. »

« Vous me dites donc que vous ne mentez que lorsque vous devez vous sortir d'une mauvaise situation. Êtes-vous en train de me dire que vous n'avez pas menti du tout *cette semaine* pour vous arranger ? »

Elle y pensa et rit : « Ouais, j'ai probablement menti cette semaine pour pouvoir faire ce qui me convenait. »

Je lui citai Jacques 2:10 : « Dieu dit que si vous brisez l'un de ses commandements, vous devenez coupable de tous. Que pensez-vous qu'il vous arrivera, quand vous vous retrouverez face à Dieu au jour du jugement ? »

Elle dit : « Oui, je sais, mais je crois à la réincarnation. Je reviendrai sous une autre forme de vie. »

« En tant que bouddhiste, votre but devrait être d'échapper au cycle du péché, parce que c'était le but de Bouddha. Si vous me dites que vous êtes bouddhiste, vous devriez suivre Bouddha ! » Je lui demandai si elle connaissait l'histoire de la tortue aveugle.

« Bouddha dit qu'on ne peut pas effacer le karma. Il dit un jour d'imaginer que l'on place un joug dans la rivière et qu'on le laisse flotter dans le courant pendant trois ans, puis qu'on lâche une tortue aveugle pour le retrouver. Le jour où la tortue aveugle trouvera le joug sera le jour où vos péchés seront pardonnés ! Bouddha dit que vous accumulerez plus de karma durant chaque vie, et que vous en aurez toujours. »

Elle répliqua : « Et si j'aimais ça ? Et si j'aimais vivre dans le karma ? »

« Si vous vivez dans le karma, quand vous mourrez, vous devrez être punie, parce que Dieu dit qu'il punira tout péché. »

« Je vais être réincarnée, alors ça ne fera aucune différence. » Elle réagissait comme si sa destinée éternelle n'avait aucune importance.

Je lui dis : « Pensez à deux situations : soit vous avez raison, et j'ai tort ; soit j'ai raison, et vous avez tort. *Si vous avez raison*, vous mourrez et vivrez une autre vie, et je mourrai et vivrai une autre vie. Aucun de nous n'est perdant. Mais si *j'ai raison*, et que vous avez tort ? Alors, quand je mourrai, j'irai au ciel pour être avec Jésus ; mais quand vous mourrez, où vous retrouverez-vous ? »

Tout ce qu'elle put dire fut : « C'est une bonne remarque ! »

Je terminai la conversation ainsi : « Souvenez-vous toujours qu'il y a deux options : (1) mourir et réaliser qu'il n'y a pas de Dieu, et (2) mourir et réaliser qu'il y a un Dieu, et aller en enfer. »

S'il y a une chance sur un million qu'il y ait un Dieu créateur, le bon sens voudrait que vous cherchiez à savoir qui il est avant de mourir. Il n'est pas loin de vous. Il vous aime. Il a envoyé sa Parole pour que vous puissiez le connaître. Demandez-lui de se révéler à vous, lisez sa Parole (en particulier le Nouveau Testament), et vous réaliserez que vous pouvez avoir une relation personnelle avec lui.

PRÉDICTIONS DE BOUDDHA ET DE JÉSUS SUR LA FIN DES TEMPS

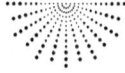

LA POURSUITE DU BONHEUR

*L*es Occidentaux parlent du bouddhisme comme s'il n'était question que du bonheur personnel, trouver la paix en soi, ou se libérer l'esprit. Tout cela a l'air d'être du bouddhisme, mais n'en est pas.

J'ai lu que des Occidentaux qui essayent de pratiquer le bouddhisme prétendent que Bouddha a déclaré qu'un jour, le bouddhisme apportera la paix dans le monde. En d'autres termes, si tout le monde devenait bouddhiste, cela amènerait la paix dans le monde. On ne trouve rien de tel dans le Tripitaka.

Voici l'une des prédictions de Bouddha[1]. C'est la prophétie que donna Bouddha sur l'altération de la vérité :

Bouddha révéla à Pra-Maha-Gasapa Tayra : « Voici, Gasapa, l'enseignement moral[2] se dégradera lentement et graduellement. De la même façon que la nourriture se décompose petit à petit, année après année, et que personne ne le remarque, ils ne remarqueront pas non plus que l'enseignement de la vérité se dégrade. »

C'est proche de ce que Jésus enseigne dans la parabole du royaume. Dans Matthieu au chapitre 13, Jésus donne sept paraboles qui décrivent le royaume de Dieu. Certaines personnes interprètent mal les sept paraboles sur le royaume, en pensant qu'elles indiquent comment le christianisme prendra de plus en plus d'importance, jusqu'à ce que le monde entier soit chrétien. Mais Jésus, en tant que rabbin juif, dépeint une autre réalité. Il dit dans l'une des histoires : « Le royaume des cieux est semblable à du levain... » (Matthieu 13:33) Tout auditeur juif se dira : « Oh, oh ! Ça ne s'annonce pas si bien. L'histoire commence déjà mal », parce que le levain symbolise, pour les Juifs, le péché et la corruption. Jésus continue : «...qu'une femme a pris [le levain] et mis dans trois mesures de farine, jusqu'à ce que toute la pâte soit levée.» En d'autres termes, le levain s'est infiltré, et a altéré toute la pâte. Cela dépeint le royaume de Dieu sur la terre : il commence avec la vérité, mais ensuite, on y greffe des fausses doctrines, de même que des pratiques immorales, des péchés, un manque de discipline, un irrespect de l'autorité, et toute autre chose que peut représenter le levain.

Des prédicateurs plus âgés de ma connaissance ont observé que l'une des différences entre les croyants d'aujourd'hui et ceux des générations précédentes, c'est le manque général d'engagement chez les croyants actuels. Il y a 2000 ans, Jésus prédit que son Église serait à ce point négligente. Il dit que l'Église se dégraderait progressivement, à tel point qu'à son retour, il demandera : « Trouverai-je la foi sur la terre ? » (Luc 18:8). Il dit qu'un frère se soulèvera contre son frère, un père contre ses fils, les gens livreront leur propre famille aux tribunaux et à la mort[3]. Voici le message que Jésus donne dans les paraboles du royaume : **Livrés à nous-mêmes, nous n'atteindrons jamais la perfection, mais toujours la corruption.**

Jésus dit dans une autre parabole : « Le royaume des cieux est semblable à un grain de moutarde qu'un homme a pris et semé dans son champ. C'est la plus petite de toutes les semences; mais, quand il a poussé, il est plus grand que les légumes et devient un arbre... » (Matthieu 13:31) Tout auditeur en Israël réagira : « Oh, oh ! Tu es en train de parler d'une anomalie de la nature. Aucun plant de moutarde n'est aussi grand qu'un arbre ! Un plant de moutarde est un buisson sur lequel on peut marcher. C'est jaune et petit, ce n'est qu'une plante.»

Jésus nous enseigne que le royaume de Dieu s'étendra de manière extraordinaire, de sorte que « les oiseaux du ciel viennent habiter dans ses branches.» Là, les chrétiens non-juifs diront : « Excellent, ça a l'air génial ! » Beaucoup de prédicateurs non-juifs sont enthousiastes, et proclament : « L'Église va se répandre dans le monde, et ce sera grandiose ! Même les oiseaux viendront se reposer à l'ombre de ses branches.» Mais nous devons laisser la Bible interpréter ses propres expressions. À quoi les « oiseaux » font-ils référence ici ? Dans la première parabole, qui parle d'un semeur et de quatre terres, les oiseaux font référence à Satan et à ses démons (Matthieu 13:4,19).

Dans la Bible, Jésus prédit que la vérité sera si corrompue à la fin des temps, que les démons et les mauvais esprits fréquenteront certaines églises. Des fausses doctrines seront prêchées depuis les pupitres. Voyons-nous cela aujourd'hui ? Voyons-nous de nos jours certaines églises voter, pour savoir si elles devraient nommer un pasteur homosexuel ? Ne devraient-ils pas consulter la Parole de Dieu, et obéir à l'Esprit de Dieu ? Comme nous nous sommes éloignés de l'idéal de Dieu pour nous ! **Livrés à nous-mêmes, nous n'atteindrons jamais la perfection, mais toujours la corruption.**

Je ne suis pas du tout fataliste au sujet de ma foi. Je crois que ceux qui croient verront « leur force augmenter » (Psaume 84:7), et « ceux qui connaissent leur Dieu agiront avec fermeté [se fortifieront, et feront de grands exploits]. » (Daniel 11:32 [Bible Martin]). Mais si nous nous approchons de l'âge de Laodicée (symbolisé par la dernière des sept églises de l'Apocalypse), ou comme nous y sommes déjà en réalité, nous devons être spécialement sur nos gardes, pour ne pas tomber dans l'orgueil des dénominations, et marcher dans l'amour de Christ. Combien avons-nous besoin de nous remplir de la Parole de Dieu chaque jour !

Quelle est l'image que le reste de la Bible dépeint de la fin de cet âge ? Est-ce une des églises qui toucherait le monde entier ? Tout le monde se rassemblera-t-il pour entendre la vérité, et la mettre en pratique ? Les églises en général parviendront-elles à ne pas faire de compromis ? Voici ce que dit le Saint-Esprit :

1 TIMOTHÉE 4:1

1 Mais l'Esprit dit expressément que, dans les derniers temps, quelques-uns ABANDONNERONT la foi, pour s'attacher à des esprits séducteurs et à des doctrines de démons.

Oh, ne soyez pas surpris si la Bible dit que certains vont volontairement abandonner leur foi : n'en soyez pas surpris ! Dans les derniers temps, certains n'auront pas à y être forcés, ils vont partir volontairement ! Ce ne sera pas l'antéchrist qui les menacera, disant : « Renonce à Jésus, ou je te tire une balle dans la tête.» Il arrivera plutôt qu'un beau jour, celui qui se rendait habituellement à l'église, mais n'avait pas solidement ancré sa foi dans la Parole de Dieu, se dira : « Je ne veux plus être restreint par l'église et par la foi, je ne veux plus être engagé envers mes frères et sœurs, je veux faire ce que je veux !»

Voici où je veux en venir : l'humanisme occidental dépeint un monde où les gens peuvent créer la paix, nettoyer l'environnement, guérir des maladies, et triompher de la pauvreté, tout cela sans Dieu et sans Jésus-Christ. Des preuves contredisent cette théorie. Ce que l'on voit, c'est qu'il y a davantage de guerres, davantage de pollution, davantage de maladies, et davantage d'injustices, toutes plus terribles encore qu'auparavant. Voilà ce qu'est l'altération de la vérité. Je suis très positif en ce qui concerne le futur de ceux qui croient en la Bible. Je crois que certains des meilleurs prédicateurs, enseignants, et églises, sont présents partout dans le monde aujourd'hui ! Je crois que le meilleur est encore à venir ! Mais le monde en général a devant lui des jours terribles, parce qu'il rejette la vérité. La prédiction de Bouddha sur la fin des temps n'était pas si éloignée de ce que Jésus nous enseigne à ce sujet.

Jésus dit à plusieurs reprises que lorsqu'il reviendra, le monde ne sera pas prêt. Alors, que devrions-nous faire ? Nous devrions veiller à ce que nos lampes brûlent, et à avoir suffisamment d'huile. Gardez votre ferveur spirituelle pour le Seigneur ! Veillez à ce que votre cœur brûle passionnément pour Jésus ! Continuez de prier et de rechercher Dieu, que ce soit en public ou dans votre chambre. Souvenez-vous de vous appliquer à ce que vous faites et de le faire de tout votre cœur, parce que la tentation d'être suffisant et indifférent sera de plus en plus grande, au fur et à mesure que l'on approche de la seconde venue de Christ. Beaucoup de gens s'éloigneront, et beaucoup ne croiront que ce qu'ils veulent bien entendre : cela s'appelle « avoir la démangeaison d'entendre des choses agréables.»

2 TIMOTHÉE 4:3-5

3 Car il viendra un temps où les hommes ne supporteront pas la saine doctrine; mais, ayant LA DÉMANGEAISON D'ENTENDRE DES CHOSES AGRÉABLES, ils se donneront une foule de docteurs selon leurs propres désirs,
4 DÉTOURNERONT l'oreille DE LA VÉRITÉ, et se tourneront vers les fables.
5 MAIS TOI, sois sobre en toutes choses, supporte les souffrances, fais l'œuvre d'un évangéliste, remplis bien ton ministère.

L'humanité a besoin d'aide. Laissé sans instructeur, l'homme n'est généralement bon à rien : ni à lire, ni à écrire, ni à nager, ni à faire un bon swing au golf, ni à être poli, encore moins à agir moralement, ni à se développer spirituellement. Tandis que l'humanité accomplit la prophétie « d'avoir la démangeaison d'entendre des choses agréables », ayant de moins en moins le désir de suivre la Parole de Dieu, le monde va sombrer dans une période tourmentée. Au lieu d'une paix grandissante que promet l'humanisme, le monde va expérimenter de plus en plus de ruptures dans les familles, de problèmes de santé, de crises financières, de rébellions sociales, et de catastrophes naturelles (tremblements de terre, tsunamis, éruptions solaires, impacts de météorites). Il n'y aura pas de paix, jusqu'à ce que le Prince de la Paix, Jésus-Christ, revienne établir la paix sur la terre.

Bouddha était d'accord avec cette vision de la fin des temps. Il donna la chronologie suivante, concernant la dégradation :

« Quand la religion bouddhiste aura mille ans, il n'y aura aucun moine qui ait une révélation profonde.[4]

Quand la religion bouddhiste aura deux mille ans, il n'y aura aucun moine qui puisse voler ni marcher dans les airs[5]. *Les gens se mettront à* **adorer des idoles**, *des esprits, et des démons*[6]. *C'est une* **illusion**[7] **qui fera tomber les gens et les conduira en enfer.**

Quand la religion bouddhiste aura trois mille ans, il n'y aura nulle sagesse parmi les hommes et la terre sera brûlante comme du feu[8].

Quand la religion bouddhiste aura cinq mille ans, il n'y aura aucun moine qui puisse parvenir au plus haut rang de la prêtrise. Le monde sera détruit par le feu[9]. *»*

Il est fascinant de constater que, très régulièrement, Bouddha et la Bible disent des choses semblables. La destruction du monde par le feu est aussi prédite dans la Bible. Cependant, dans la Bible, la fin doit arriver plus tôt[10].

2 PIERRE 3:7-12

7 Mais, par la même parole, les cieux et la terre d'à présent sont gardés et RÉSERVÉS POUR LE FEU, pour le JOUR DU JUGEMENT et de la RUINE des hommes impies.

8 Mais il est une chose, bien-aimés, que vous ne devez pas ignorer, c'est que, devant le Seigneur, un jour est comme mille ans, et mille ans sont comme un jour.

9 Le Seigneur ne tardera pas dans l'accomplissement de la promesse, comme quelques-uns le croient; mais il use de patience envers vous, ne voulant pas qu'aucun périsse, mais voulant que TOUS ARRIVENT À LA REPENTANCE.

10 Le jour du Seigneur viendra comme un voleur; en ce jour, les cieux passeront avec fracas, les éléments EMBRASÉS se DISSOUDRONT, et la terre avec les œuvres qu'elle renferme sera CONSUMÉE.

11 Puisque tout cela est en voie de DISSOLUTION, combien votre conduite et votre piété doivent être saintes.

12 Attendez et hâtez l'avènement du jour de Dieu, jour à cause duquel les cieux ENFLAMMÉS se DISSOUDRONT et les éléments EMBRASÉS se FONDRONT !

Bouddha nomma ainsi les cinq niveaux de dégradation (en pali) :

« Pa-ri-yat-ti-tam untaratarn » – La dégradation des enseignements moraux (en thaï : « tamma », en pali : « dhamma », en sanskrit : « dharma »).

« Pa-ti-bat untaratarn » – La dégradation des comportements sur le plan moral.

« Pa-ti-wade untaratarn » – La régression d'une pensée éclairée, ou de la bonne façon d'obtenir de bons résultats.

« Sangka untaratarn » – La régression des moines.

« Untaratarn » – La dégradation des ossements de Bouddha.

Les prédictions bouddhistes et bibliques sur la dégradation morale et physique[11] ont de l'importance pour nous, au moins pour trois raisons.

Premièrement, ce n'était pas évident pour tout le monde. Ce qui est surprenant, c'est que dans la plupart des cultures au cours de l'Histoire, on n'a pas enseigné aux enfants ce processus observable de la dégradation, mais on les a plutôt enseignés à croire que l'homme pouvait créer sa propre utopie. Les anciens taoïstes chinois recherchaient l'élixir de vie, une potion qui aurait permis aux êtres humains d'atteindre l'immortalité en restant jeunes à jamais, c'est-à-dire qui aurait défié la deuxième loi de la thermodynamique. (L'entropie stipule que l'univers est en déclin, passant de l'ordre au désordre.) Le jeune Charles Darwin pensait que des choses sans vie pouvaient engendrer la vie[12], que des plantes pouvaient engendrer des animaux, des poissons pouvaient engendrer des reptiles, des reptiles pouvaient engendrer des oiseaux, et des singes pouvaient engendrer des êtres humains, tandis que toutes les preuves indiquent que nous perdons constamment d'anciennes espèces (comme l'entropie le stipule), et que nous n'en gagnons *aucune* nouvelle (ce à quoi les évolutionnistes devraient s'attendre).

Si l'évolution était vraie, pourquoi les gens devraient-ils se soucier de l'extinction ? Les anciennes espèces devraient disparaître au cours de l'évolution, alors que des nouvelles espèces apparaîtraient régulièrement ! Les chrétiens se soucient de l'extinction des espèces, parce qu'aucune nouvelle ne va apparaître ! « Le juste prend soin de son bétail. » (Proverbes 12:10) Un fait observable, c'est que nous n'avons gagné AUCUNE nouvelle espèce depuis qu'elles furent créées au début !

Dieu dit que chaque plante et chaque animal se reproduira « selon son espèce ». En d'autres termes, « les chiens ne font pas des chats », les microbes engendrent des microbes, les éléphants engendrent des éléphants, les êtres humains engendrent des êtres humains, et les éléphants n'engendreront jamais d'êtres humains. Malheureusement, Darwin ne put pas bénéficier de la compréhension de la physique moderne, parce qu'il formula ses idées[13] sur la biologie à la même période où les physiciens découvraient les lois de la thermodynamique dans les années 1850.

Les scientifiques ont récemment réaffirmé le fait que dans notre monde déchu, l'entropie est une loi. Bouddha parla de l'entropie il y a plus de deux millénaires, et la Bible en a parlé en détail il y a plus de trois millénaires ! La sagesse de Dieu peut sembler être une folie pour le monde, mais « la sagesse a été justifiée par tous ses enfants. » (Luc 7:35)

Deuxièmement, la prédiction sur la dégradation contredit les suppositions actuelles du monde. Les gens croient qu'en étant séparés de Dieu, ils peuvent faire en sorte que leur futur soit brillant. La Seconde Guerre mondiale était censée être « la guerre qui mettra fin à toutes les guerres ». Les Nations Unies devaient apporter la paix au Moyen-Orient, et arrêter les dictateurs. L'Organisation Mondiale de la Santé devait éradiquer toute maladie. Qu'est-ce que cette sagesse moderne a réussi à faire jusque là ? Il semble que nous devrions plutôt considérer la sagesse de Dieu ! Nous essayons encore et encore de construire nos tours de Babel pour atteindre les cieux par nous-mêmes ! Tout effort humain pour atteindre sans Dieu un idéal, se base sur l'orgueil de l'homme, et non sur l'humilité selon Dieu, et va automatiquement se terminer dans la confusion et la division.

La bonne nouvelle, c'est que Dieu veut que nous réussissions. L'humilité et la foi en la Parole de Dieu sont les clés du succès. Dieu dit : « Bien-aimé, je souhaite que tu prospères à tous égards et sois en bonne santé, comme prospère l'état de ton âme.» (3 Jean 2). Et voici comment : « Que ce livre de la loi ne s'éloigne point de ta bouche; médite-le jour et nuit, pour agir fidèlement selon tout ce qui y est écrit; car c'est alors que tu AURAS DU SUCCÈS dans tes entreprises, c'est alors que tu RÉUSSIRAS.» (Josué 1:8). J'ai vu cela fonctionner dans ma propre vie : plus j'essaye par mes propres efforts, et plus je perds du temps. Mais plus je passe du temps dans la Parole de Dieu, plus en réalité je gagne du temps, et plus je réussis dans ce que j'entreprends.

Le troisième commentaire que je ferais sur les prédictions de Bouddha et de Jésus sur la fin des temps, c'est qu'elles vont à l'encontre des suppositions de l'Occident concernant le bouddhisme. Les Occidentaux présument que, dans le bouddhisme, il est question de paix. Je veux corriger cette idée fausse répandue. Ni Bouddha ni Jésus ne prédit la paix et le bonheur à la fin des temps, mais une détérioration de la paix et du bonheur, en particulier chez ceux qui ont du karma, ou ont péché, et refusent de se repentir.

Dans le bouddhisme, il n'est certainement pas question que

Bouddha amène la paix mondiale sur terre. Le bouddhisme n'a pas pour but de faire parvenir les gens au bonheur personnel. Bouddha n'a pas enseigné cela. C'est de l'humanisme occidental détournant le bouddhisme. De quoi s'agit-il vraiment dans le bouddhisme ? Le but principal du bouddhisme est résumé en deux mots : « pon tuk », en thaï. Cela signifie être libre des horribles conséquences du péché, ou littéralement « échapper à la souffrance ». Le cycle de la souffrance s'appelle « gongjak chiwit » : voilà de quoi le bouddhisme se préoccupe vraiment !

Dans le bouddhisme, on veut trouver un moyen d'être libéré du cercle vicieux de la souffrance. Ces deux affirmations peuvent sembler similaires : « Je veux être libre du péché » et « Je veux trouver le bonheur », mais elles ne visent pas le même but. Bouddha se préoccupait d'être libéré des conséquences du péché. Son cœur et sa pensée étaient centrés sur le plus gros des problèmes, celui qui anéantira notre futur, et non sur « ce qui l'aurait rendu heureux dans l'immédiat ».

S'il était question du bonheur terrestre dans le bouddhisme, je peux vous dire que Siddhartha Gautama était déjà très heureux en tant que jeune homme. Il avait tout ce dont la plupart des gens pourraient rêver. Comment vous sentiriez-vous, si vous étiez né prince, aviez un palais différent pour chacune des trois saisons, que l'on vous ait donné une femme dès l'âge de seize ans, et que vous n'ayez pas le moindre souci ? S'il s'agissait du bonheur dans le bouddhisme, Siddhartha serait resté dans ses palais royaux !

Il est nécessaire de clarifier cela, parce que les Occidentaux ne l'enseignent pas, et ne révèlent pas cela du bouddhisme. Et voici la raison pour laquelle je pense qu'ils ne le feront probablement jamais : beaucoup d'entre eux, qui n'ont pas grandi dans le bouddhisme mais qui s'y intéressent plus tard au cours de leur vie, ont tendance à vouloir y trouver une alternative au christianisme. Adopter le bouddhisme est une façon de dire : « Je n'aimais pas l'église à laquelle appartenaient mes parents, ni les réunions ennuyeuses auxquelles j'étais obligé d'assister, et à présent, je rejette tout cela en adoptant à la place quelque chose qui s'appelle le bouddhisme », sans savoir pleinement de quoi il s'agit. Ils n'ont, en fait, jamais étudié le bouddhisme suffisamment en profondeur, pour comprendre que celui-ci est probablement plus proche du

christianisme que n'importe quelle autre religion du monde !
Bouddha aurait été d'accord avec beaucoup de choses de l'Ancien
Testament, et aurait accepté volontiers le don du Nouveau
Testament. Si Bouddha était en vie aujourd'hui, je suis sûr qu'il
serait dans une église, et prendrait plaisir à entendre la Bonne
Nouvelle de Jésus-Christ.

Contrairement à la vision du bouddhisme que l'on a
généralement en Occident, le bonheur personnel n'était
certainement pas un objectif à atteindre pour Bouddha. Une seule
chose le préoccupait : la souffrance (en thaï : « tuk », en pali :
« tukka »). Qu'est-ce qui cause la souffrance ? Le karma, c'est-à-dire
le péché. Il chercha durant toute sa vie un moyen d'échapper au
péché. Cela ne ressemble-t-il pas énormément au christianisme ?
Seulement, Bouddha n'a jamais trouvé la solution, il n'est jamais
parvenu au stade où il puisse dire : « J'ai trouvé, faites cela, et vous
serez libérés du karma. » Dans le christianisme, Jésus nous fait la
plus importante des promesses : « Croyez en moi et je vous
donnerai la vie éternelle. » (Jean 3:36) Le sacrifice de Christ a un
grand prix, et son sang est la solution pour mettre fin à la
vengeance du karma.

PARTIE II
QUESTIONS QUE POSENT LES CHRÉTIENS

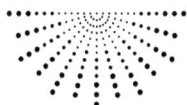

L'AUTORITÉ DE LA BIBLE

*P*ouvons-nous citer la Bible à des bouddhistes ?

La Bible (ou « Pra Kam Phe » en thaï) est le livre saint du christianisme, et non du bouddhisme ; pourtant, les chrétiens peuvent tout à fait citer la Bible à des bouddhistes.

Premièrement, la vérité des lois morales de Dieu a été écrite dans le cœur de chaque personne. Dans Romains 2:14-15, l'apôtre Paul dit : « Quand les païens, qui n'ont point la loi, font naturellement ce que prescrit la loi, ils... montrent que l'œuvre de la loi est ÉCRITE DANS LEUR CŒUR, leur CONSCIENCE en rendant témoignage. » Si vous demandez : « Saviez-vous que c'est mal de commettre un meurtre ? Ou encore de commettre un adultère ? », aucun bouddhiste ne désapprouvera.

Deuxièmement, les chrétiens devraient citer la Bible, parce que le Saint-Esprit fut envoyé pour rendre témoignage de Jésus et confirmer sa parole. Le tout dernier verset de l'Évangile de Marc dit : « Et ils [les croyants] s'en allèrent prêcher partout. Le Seigneur travaillait avec eux, et CONFIRMAIT la PAROLE par les miracles qui l'accompagnaient. » (16:20) Si nous ne parlons pas la Parole de Dieu, il n'y a rien que le Saint-Esprit puisse confirmer.

Troisièmement, le bouddhisme n'a pas de « Pra Kam Phe » (Bible). Les bouddhistes ont un Tripitaka, qui n'est pas un seul livre, mais un ensemble de quarante-cinq livres. C'est un épais volume d'enseignements dont on ignore l'auteur, duquel il y eut au moins six révisions majeures, et la plupart des bouddhistes ne l'ont jamais lu. Même la plupart des moines ne l'ont pas parcouru entièrement. La Bible est une collection de soixante-six livres courts, la sagesse des siècles la plus concentrée, et le livre le plus traduit et le plus distribué sur terre. Ainsi, la Bible est une source d'autorité très reconnue.

Il serait profitable à chacun d'étudier la Bible et d'y réfléchir par soi-même. Contrairement à l'image que les médias en renvoient, ce qu'elle contient concernant les origines, l'histoire, l'archéologie, la politique, la science et la vie a été prouvé authentique, et a aidé des millions de gens. Ceux qui croient en la Bible ont libéré des esclaves, construit des hôpitaux, dirigé des écoles, aidé les pauvres, nourri les affamés, visité les prisonniers, inventé de nouvelles technologies, et établi les seules nations dans lesquelles les gens veulent immigrer.

Q ue dire des Occidentaux qui partent en mission pour construire des relations au lieu de « rabâcher » la Bible ?

Excellente question ! Les Occidentaux devraient-ils se rendre dans des pays bouddhistes pour développer des relations avec les gens, plutôt que de leur taper sur la tête à coups de Bible ?

Si par « développer des relations » vous entendez avoir des conversations ouvertes avec des bouddhistes, c'est certainement le meilleur moyen d'établir des liens. En fait, vous pouvez avoir un avantage. Les gens des pays en développement tendent à s'intéresser à ce que peuvent dire des Occidentaux. Entre vous et moi, ils vous écouteraient plutôt vous. C'est pour cela que les pasteurs asiatiques lisent des livres chrétiens occidentaux. Ils ne veulent pas lire un livre chrétien thaï. Ils ne veulent pas étudier la révélation qu'un Thaïlandais a pu avoir. Ils respectent le « farang »[1]. Cependant, avec la mondialisation, l'avantage d'être un « farang » diminuera petit à petit.

Si par « développer des relations » vous entendez aller faire du vélo ensemble, prendre un thé ou un café, sortir de temps en temps, et attendre que quelqu'un vous pose une question sur Christ, vous devriez d'abord considérer quelques points.

Le premier, c'est que vous allez vous retrouver dans une culture complètement différente. Aller faire du golf ou boire un thé ou un café n'est peut-être pas ce que votre ami bouddhiste aime faire pour rencontrer des gens. Cela peut fonctionner en Occident, mais ce n'est pas pareil dans les pays bouddhistes.

Le deuxième, c'est que la personne pourrait ne jamais penser à vous demander quoi que ce soit sur votre foi, peu importe à quel point elle peut vous trouver sympathique.

Le troisième, c'est que selon la longueur de votre séjour, vous pourriez ne pas avoir assez de temps. Combien de temps aurez-vous pour développer des relations ? En faisant les choses que vous faites habituellement en Occident, aurez-vous encore une occasion d'annoncer l'Évangile ?

Je peux développer une relation avec quelqu'un en cinq minutes. Et vous le pouvez aussi ! Comment cela ? Les gens les plus sympathiques dans le monde sont ceux qui posent des questions sincères, et écoutent. C'est tout. Apprenez à poser des questions. Ne soyez pas si nerveux, à essayer de mémoriser des formules pour évangéliser, ou de copier quelqu'un que vous avez entendu. Un simple « Salut, comment ça va ? » peut être un bon début. Je n'ai pas une question favorite. J'essaye d'écouter le Saint-Esprit. Peu importe la situation, le Saint-Esprit vous conduira. Posez les bonnes questions, et en cinq minutes, la conversation aura tendance à s'orienter vers des questions spirituelles.

La seule chose que j'ai systématiquement pu voir lors de chacun de mes voyages en Thaïlande, c'est que chaque personne bouddhiste souffre. Ils souffrent d'une façon que les Occidentaux auraient du mal à imaginer.

En Australie, il y a des adultères. En Thaïlande, certaines femmes sont mariées à la fois à un Thaïlandais et à un homme blanc, et ce dernier ne saura jamais qu'elle l'utilise pour son argent. Il n'y a pas de telles choses en Australie, ou du moins pas aussi couramment.

En Australie, il y a des obsédés sexuels qui rôdent autour des écoles. En Thaïlande, l'adulte qui cherche des enfants à l'école peut être un parent, ou un prétendant qui a une liaison avec un mineur. Certains de ces mineurs y consentent parce qu'ils ont une mauvaise vie de famille, et peuvent ainsi recevoir un peu d'amour et de l'argent. C'est un sujet dont on parle très peu, et qui n'est pas facile à aborder

En Australie, il y a des homosexuels. En Thaïlande, vous ne serez peut-être pas en mesure de dire qui est hétérosexuel, homosexuel, ou travesti. Ce n'est certainement pas au bout de deux semaines, ni même au bout de deux ans, que vous parviendrez à comprendre cette culture

Le mieux que vous puissiez faire, c'est de parler de Christ et de laisser Dieu être Dieu ! Il comprend le cœur et les besoins d'un bouddhiste mieux que quiconque. Tout ce qu'il vous faut comprendre, c'est que les gens qui n'ont pas Christ souffrent. Si vous leur présentez qui est Jésus tout en respectant leur culture, ils sauront si Jésus a la réponse qu'il leur faut ou non. Ils n'ont pas besoin de thé ni de café. Ils n'iront probablement pas faire du vélo avec vous, parce que beaucoup de villes asiatiques sont bien trop polluées. Ils n'ont besoin que de Jésus. Jésus peut guérir leur cœur brisé, restaurer leur famille, accomplir un miracle dans leur corps, et apporter une solution à leurs problèmes financiers. C'est ce dont ils ont besoin, et c'est ce que Jésus peut faire. Par-dessus tout, Jésus peut pardonner leurs péchés et leur donner la vie éternelle. Il attend simplement que quelqu'un comme *vous* leur dise que Jésus aime aussi les bouddhistes.

LA VALIDITÉ DES HISTOIRES
BOUDDHISTES

Q uelle est la fiabilité des textes bouddhistes ? J'ai
entendu dire que la prophétie de Bouddha concernant
la venue d'un sauveur est une invention chrétienne.
Si l'on réalise qu'il y eut de six à neuf conciles bouddhistes pour
réviser et « purifier » les doctrines bouddhistes, le dernier d'entre
eux ayant eu lieu aussi récemment qu'en 1956, alors on peut
comprendre quelle importance cela peut avoir de se référer de
temps en temps à des sources bouddhistes qui datent d'avant 1956.
Un moine nommé Tongsuk Siriruk nous a grandement aidés en
cela, en écrivant au sujet du Tripitaka en 1954 au moins deux ans
avant le plus récent des conciles bouddhistes.

Il est une source de controverse, principalement parce que ses
critiques ne peuvent pas trouver certains de ses textes dans l'actuel
Tripitaka. Ils affirment qu'il était un chrétien plein de zèle qui altéra
les textes pour promouvoir le christianisme. Je garde mes
commentaires pour l'« Appendice », puisque c'est un sujet
particulier qui peut ne pas intéresser tout le monde.

J e crois que prêcher l'Évangile est la seule façon d'aider les
gens. Pourquoi devrais-je me soucier d'un enseignement non
chrétien ?
Ayant moi-même recherché la vérité et expérimenté la puissance

de Christ, je crois également que l'Évangile est la seule réponse pour l'humanité. Alors, pourquoi est-ce que je m'intéresse aux enseignements provenant de sources non chrétiennes ?

Dieu est un grand Dieu, et cela ne devrait pas nous surprendre, nous chrétiens, s'il s'est placé un témoin dans des cultures non chrétiennes. La tribu Karen au Myanmar s'est tournée vers Christ en masse, parce que leur tradition enseignait que des missionnaires leur apporteraient un livre, qui leur dirait comment être sauvés du péché.

J'ai entendu une histoire semblable concernant une tribu d'Éthiopie, qui se tourna vers Christ parce qu'un de leurs anciens avait dit au peuple d'attendre la venue de quelqu'un avec des « feuilles d'or ». Lorsqu'un missionnaire chrétien arriva sans rien d'autre en main que sa Bible (dont la tranche des pages était dorée), ils reconnurent en lui celui qui devait leur apporter une Bonne Nouvelle !

Dieu dit en Ésaïe 45:3 : « Je te donnerai des trésors cachés, des richesses enfouies, afin que tu saches que je suis l'Éternel qui t'appelle par ton nom, le Dieu d'Israël. » Les chrétiens considèrent peut-être les pays bouddhistes comme des endroits sombres, et le Tripitaka comme un secret dont on ne doit pas s'approcher, mais Dieu n'a-t-il pas pu cacher des trésors dans les ténèbres, et enfouir des richesses dans les lieux secrets, comme il le promit dans l'Ancien Testament ?

Dieu dit à son prédicateur Jérémie : « Si tu sépares ce qui est précieux de ce qui est vil, tu seras comme ma bouche. » (15:19) Dieu demande à ceux qui sont ses messagers de séparer ce qui est précieux de ce qui est vil, et non de critiquer en disant que « cette religion est vile » et « cette tradition est vile ». Nous devons rechercher ce qui est positif au milieu des choses négatives. Nous devons rechercher ces diamants de vérité dans les traditions de l'humanité, et trouver des pépites de vie dans les cultures non chrétiennes. Cela ne doit pas remplacer le fait de prêcher l'Évangile, mais préparer le cœur des gens à l'entendre d'une façon culturellement pertinente. L'Évangile est la réponse à tout cœur brisé, libère toute conscience qui souffre, et comble toutes les vraies aspirations de chaque religion.

Notre appel n'est pas de prêcher contre le bouddhisme ni de

faire des comparaisons entre les religions, mais il s'agit d'utiliser l'allié qui existe déjà dans chaque conscience humaine et dans certaines traditions. Les gens peuvent ne pas encore connaître Christ, mais cela ne veut pas dire que Dieu n'est pas déjà intervenu dans leur vie. Même des gens qui ne connaissent pas encore Dieu, Salomon dit : « Il a mis dans leur cœur la pensée de l'éternité. » (Ecclésiaste 3:11)

De ce que j'ai pu en voir, ceux qui critiquent de la façon la plus hostile ne sont pas des bouddhistes, qui sont généralement calmes et n'entrent pas dans des argumentations sur la religion. Assez curieusement, ces gens sont des chrétiens, dont les paroles sont vraiment anti-bouddhistes, pour certains. Ces chrétiens donnent l'argument que nulle part dans la Bible il n'est écrit que l'on doive citer autre chose que la Bible aux gens.

Je pense qu'ils ont peut-être besoin d'étudier le Nouveau Testament plus attentivement. Paul cita Aratus, un poète grec, lorsqu'il prêcha à Athènes : « Car en lui nous avons la vie, le mouvement, et l'être. C'est ce qu'ont dit aussi quelques-uns de vos poètes : De lui nous sommes la race... » (Actes 17:28-29). Quand Paul écrivit à Tite qui conduisait une église en Crète, il cita un philosophe païen du nom d'Épiménide, qui était un Crétois natif : « L'un d'entre eux, leur propre prophète, a dit : Crétois toujours menteurs, méchantes bêtes, ventres paresseux. » (Tite 1:12-13) Paul n'était pas contre Épiménide ni contre Aratus ; Paul était pour l'Évangile, et pour la culture locale. Nous n'avons pas à être contre Bouddha ni contre le bouddhisme, mais pour Jésus, et pour la culture locale. Il n'y a rien qui soit anti-biblique dans le fait d'utiliser la sagesse locale pour communiquer quelque chose sur Dieu. En regardant bien, je crois que nous allons découvrir que Dieu a caché dans chaque culture quelque chose qui conduit vers son Fils.

LE RISQUE DE SYNCRÉTISME

N'y a-t-il pas un risque de mélanger les religions, en établissant des liens avec le bouddhisme ?

Le danger que redoutent certains chrétiens, c'est qu'« établir des liens avec les bouddhistes » ait pour résultat un « syncrétisme », c'est-à-dire que deux religions se combinent sans le vouloir, ou font des compromis. Il est certain que des syncrétismes se sont produits par le passé et ne sont pas souhaitables.

Mais le plus grand danger que je puisse voir, en fait, c'est que l'Église chrétienne a eu du mal à évangéliser le monde bouddhiste pendant 2000 ans, tandis que durant la même période, le bouddhisme a gagné en popularité en Occident. En gardant le même cap, je crois que le christianisme perd du terrain.

L'argument qui s'oppose au fait de citer Bouddha semble être le suivant : si nous citons *une* prophétie de Bouddha, cela revient à déclarer que nous approuvons *toutes* les paroles de Bouddha. Je pense que c'est illogique. Paul n'a certainement pas dit que *tout* ce qu'Épiménide et Aratus ont déclaré était juste. Il ne cita que l'une de leurs pensées, pour qu'elle serve de tremplin pour dialoguer.

Laissez-moi faire une parenthèse pour mieux vous expliquer. Les chrétiens chinois savent depuis un certain temps que d'anciens caractères chinois renvoient directement à l'histoire de la Genèse. Ils utilisent cela comme tremplin pour dialoguer avec des non chrétiens. Par exemple, le caractère pour « convoitise » (désirer quelque chose d'interdit) est un pictogramme représentant « deux arbres » et « une femme » en-dessous d'eux. À quoi d'autre cela pourrait-il faire référence, sinon à Ève considérant le fruit de l'arbre de la vie et de l'arbre de la connaissance du bien et du mal ? Il existe de nombreux caractères de ce type parmi les anciens caractères chinois. Ce que disent les chrétiens, c'est que les premiers Chinois qui inventèrent ce système d'écriture devaient connaître le récit de la Genèse. En d'autres termes, les premiers Chinois croyaient en Dieu ! Ce que les chrétiens ne disent pas, c'est que *tous* les caractères chinois se réfèrent à Dieu ou à la Bible !

En citant Bouddha, nous ne concédons pas que tout ce qui a été écrit à son sujet était inspiré. Nous essayons simplement de nous en servir comme tremplin pour pouvoir avoir une conversation sur la plus grande quête de la vie : celle de la vérité et de la liberté. Nous utilisons des choses qui sont familières à nos amis bouddhistes, et nous leur donnons un sens chrétien. Dans le christianisme, cela marchait généralement bien.

Des mots grecs comme « agape » (l'amour divin) et « euanggelion » (qui donne « évangélisation » et « bonne nouvelle ») furent adoptés dans un contexte local, puis reçurent un nouveau sens chrétien. Alan Johnson argumente en faveur de la contextualisation du message chrétien, en se servant de termes et de concepts locaux, et en leur donnant un nouveau sens, plus élevé[1].

Prenez Noël, par exemple. Le 25 décembre de l'an 1 après Jésus-Christ n'est *pas* le jour de la naissance de Jésus, c'est presque certain. C'était probablement plutôt en septembre ou octobre[2]. Pourtant, les chrétiens ont choisi un jour de fête païen, la célébration du solstice d'hiver, et lui ont donné un sens chrétien. Je ne pense pas que les chrétiens aient trop souffert en célébrant Noël en décembre, et beaucoup de bien découla probablement du fait de célébrer Christ au lieu du dieu Soleil païen à « Yule ». Ces chrétiens qui s'opposent à Noël devraient avoir la liberté de le faire, mais devraient aussi réaliser qu'ils s'accordent avec la secte des témoins de Jéhovah, qui refuse de célébrer la naissance de Jésus (ni aucun anniversaire, d'ailleurs). Je saisirais plutôt chaque occasion de glorifier Christ.

Pâques est une autre fête qui a une origine probablement

païenne. Les lapins de Pâques, les œufs de Pâques, et le mot « Pâques » lui-même (et non la Pâque) n'apparaissent pas dans la langue biblique originale. Pâques se dit « Easter » en anglais, et ce mot vient sans doute du nom d'Astarté ou Ashtaroth, la femme de Baal, et la « reine des cieux ». Pour être scripturaire, « Pâques » devrait s'appeler « dimanche de la résurrection », et devrait coïncider avec la fête juive des prémices, qui représente Christ, la première personne qui soit ressuscitée des morts. *« Mais maintenant, Christ est ressuscité des morts, il est les prémices de ceux qui sont morts. »* (1 Corinthiens 15:20) Mais les chrétiens ont choisi d'utiliser cette fête païenne et de lui donner un sens chrétien. S'ils choisissent de ne pas célébrer les symboles païens de la fertilité, comme les lapins et les œufs de Pâques, je suis tout à fait d'accord avec eux. C'est malheureux que Pâques soit devenue une fête si commerciale. Et pourtant, je préfère vraiment que les gens se souviennent de Christ à chaque fête de Pâques, au lieu de penser à la déesse Astarté !

Le défi qui est devant nous, c'est de communiquer efficacement avec une culture qui baigne dans des traditions non bibliques. Les traditions religieuses sont comme les briques d'un mur qui sépare les gens de Dieu. Les gens ne rejoignent pas Dieu de l'autre côté, parce qu'ils ne peuvent pas voir au-delà du mur. Nous devons ôter certaines de ces briques et les utiliser pour construire à leur place une passerelle vers Dieu.

Un dicton bien connu des bouddhistes thaïs est : « gerd, gai, jep, tai », qui est une façon très concise de dire : « tous ceux qui naissent souffrent de la vieillesse, de la maladie, et de la mort ». Voilà comment on voit la vie, chez les bouddhistes. J'aime prendre cette phrase familière, et y mettre une touche d'humour en l'adaptant à la foi chrétienne : « gerd, gai, suk, sabai », qui donne une alternative pour les croyants : « nous naissons et devenons plus âgés, plus heureux, en meilleure santé, et plus riches ! » Les bouddhistes sourient toujours lorsque je dis cela, parce que c'est amener Christ dans un monde triste. Plutôt que d'ignorer, ou pire encore, d'argumenter contre les dictons bouddhistes, j'y mets de la vie et de la joie ! Vieillir avec Christ n'est pas quelque chose de triste. Chaque jour de la vie d'un chrétien le rapproche du ciel !

❀ ❀ ❀

Le christianisme qui essaye de partager l'amour de Dieu, tout en fermant les yeux sur le bouddhisme, n'a pas marché. Le bouddhisme s'insère dans une culture et s'y adapte. Il se combine avec le taoïsme en Chine, se mélange avec le shinto au Japon, et exalte la liberté individuelle en Occident. Le christianisme a besoin d'aller vers le bouddhisme rapidement, et nous devons adapter nos *méthodes*, sans faire de compromis en ce qui concerne notre *message*. Une façon de le faire, c'est de trouver un point de départ commun, les paroles de Bouddha, et à partir de là, construire une passerelle vers les paroles de Jésus.

Si vous êtes plus à l'aise pour prêcher l'Évangile sans faire référence au bouddhisme, je vous soutiens dans ce que vous faites ! Vous pouvez toujours gagner quelques personnes, mais vous allez probablement rencontrer beaucoup de difficultés pour en faire des disciples. Le bouddhisme, c'est tout ce qu'ils connaissent. Ils n'apprendront rien du christianisme sans avoir d'abord désappris certaines idées bouddhistes qu'ils connaissent depuis toujours. Comme Alan Johnson le découvrit au cours de son travail missionnaire en Thaïlande : « D'après mon expérience, pour témoigner de notre foi, une grande partie consiste dans un premier temps à corriger des malentendus, avant d'aller au cœur du message.»[3] À moins d'aller directement au cœur des croyances bouddhistes, en utilisant du vocabulaire bouddhiste et vous servant de ce qui est bon, vous ne verrez que des convertis qui n'iront pas plus loin, et seront facilement influencés par leurs anciennes traditions. La meilleure chose que puisse faire une personne qui ne parlera pas des enseignements bouddhistes, c'est de prêcher l'Évangile au lieu de l'anti-bouddhisme. Si vous ne construisez pas de passerelles vers les bouddhistes, essayez au moins de ne pas brûler celles qui existent !

BOUDDHA EST-IL AU CIEL ?

*N*ous avons découvert que Bouddha eut de nombreuses révélations. Il enseigna les quatre grandes vérités, parallèlement à l'enseignement de la Bible. Les deux premières vérités sont les thèmes de l'Ancien Testament, et les deux dernières sont les sujets du Nouveau Testament.

Nous avons aussi découvert que Bouddha enseigna une parabole sur les quatre lotus, qui ressemble beaucoup à la parabole de Jésus sur les quatre sortes de terre. Bouddha compara l'humanité à quatre lotus à des niveaux différents. Jésus compara le cœur humain à quatre sortes de terre. Tous deux disaient que toutes les personnes à qui nous prêchons ne porteront pas de fruit ; seulement un quart environ des personnes qui entendent ou lisent des instructions y prêteront vraiment attention, et les mettront en pratique dans leur vie.

Il est très intéressant de voir combien Jésus et Bouddha avaient des choses en commun. Les chrétiens ne peuvent nier le fait que Bouddha découvrit certaines vérités. Cependant, ils ne devraient pas accepter aveuglément tout ce que le bouddhisme ou une autre religion déclare.

Je crois que les gens qui recherchent sincèrement la vérité seront éclairés sur certaines choses. Car la Bible dit que si vous cherchez Dieu, vous le trouverez.

JÉRÉMIE 29:13

13 Vous me chercherez, et vous me trouverez, si vous me cherchez de tout votre cœur.

À une époque, cette question me dérangeait : « Qu'arrive-t-il aux gens qui vivent dans la forêt amazonienne ou dans des parties isolées du monde, à qui la Bonne Nouvelle de Jésus-Christ n'a jamais pu être annoncée ? » Cela n'est plus une grande énigme pour moi. Si quelqu'un *veut* réellement connaître la vérité, Dieu n'épargnera aucun effort pour lui envoyer un messager (une personne, un livre, un CD, une vidéo) qui lui annoncera Christ. Je suis convaincu que Dieu est juste envers tous ceux qui le recherchent de tout leur cœur.

Dieu répondit à ma question non seulement au travers de sa Parole, mais en m'emmenant en Amazonie ! Je pense que Dieu a le sens de l'humour. Je peux vous dire qu'alors que beaucoup d'intellectuels occidentaux pensent que les « peuples primitifs » ignorent tout de la Bible, nombre d'entre eux ont en réalité déjà été évangélisés. Pendant ce temps, ceux qui vivent dans de grandes villes modernes et qui ont souvent facilement accès à de bons enseignements bibliques, sont complètement ignorants des vérités du Nouveau Testament.

Ne pas connaître Dieu n'a rien à voir avec la géographie, mais avec le cœur humain. Peu importe où nous sommes, ou à quelle période nous vivons, Dieu est capable d'atteindre notre cœur si nous *voulons* vraiment de lui. Pensez-vous vraiment qu'il puisse résister à un cœur qui se repent, quand il en voit un ?

PSAUME 34:19

18 L'Éternel est près de ceux qui ont le cœur brisé, et il sauve ceux qui ont l'esprit dans l'abattement.

Je ne peux pas tirer de conclusion en ce qui concerne l'éternité de Bouddha, parce que je ne le connais pas personnellement. Nul d'entre nous ne connaît le cœur de Bouddha. Tout ce que nous connaissons, ce sont des histoires qui furent transmises depuis plus de deux mille ans. Il se peut qu'il fut un homme qui recherça sincèrement le Dieu vivant. Et s'il le chercha de tout son cœur, il y a une promesse dans la Bible depuis 600 avant Jésus-Christ : « Cherche-moi, et tu me trouveras. » Je pense que cela s'applique à

Bouddha autant qu'à chacun d'entre nous. Il y a des preuves, en particulier dans ses dernières paroles, que Bouddha ait pu avoir une relation avec Dieu.

LES DERNIÈRES PAROLES DE JÉSUS

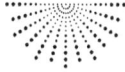

M ARC 16:15-16

1. Allez par TOUT LE MONDE, et prêchez la bonne
   nouvelle à toute la création.
2. Celui qui croira et qui sera baptisé sera sauvé, mais
   celui qui ne croira pas sera condamné.

MATTHIEU 28:19

19 Allez, faites de TOUTES LES NATIONS des disciples.

Ce sont les dernières paroles de Jésus. On appelle cela la
Grande Commission, ou le dernier ordre que Jésus donna à
ceux qui croient en lui. Juste avant que Jésus ne remonte au ciel, il
confia aux chrétiens la mission d'aller et de gagner toutes les
nations. Est-ce que cela inclut les nations bouddhistes ?
Absolument ! Est-ce que cela inclut les nations hindoues et
musulmanes ? Absolument aussi ! Cela inclut toutes les nations[1].

OFFENSANT ET INTOLÉRANT ?

Deux arguments séculiers contre la Grande Commission font leur
chemin dans la société. Le premier, c'est qu'il est offensant de

vouloir que quelqu'un se convertisse et change de religion. Le second, c'est que l'évangélisation est intolérante.

Parlons d'abord du second argument. Si l'on cherche à être tolérant, alors les séculiers doivent tolérer le fait que les chrétiens croient en Christ, et que Christ ordonna à ses vrais disciples d'aller par tout le monde, et de prêcher l'Évangile à toute personne. Ne pas respecter cette croyance chrétienne serait vraiment un total manque de tolérance !

J'ai réalisé que les gens les plus intolérants dans le monde sont ceux qui veulent généralement réduire au silence les personnes qui s'opposent à eux. La seule façon que je connaisse de cultiver la tolérance, c'est de pouvoir communiquer librement et d'échanger des idées sans crainte. Nous devons construire des passerelles pour pouvoir mieux communiquer les uns avec les autres et être plus efficaces pour partager ce que nous croyons.

Le premier argument contre la Grande Commission de Jésus-Christ, c'est qu'il est offensant de convertir les gens. Qui a dit cela ? C'est un droit de l'homme, garanti par Dieu et énoncé clairement dans la Déclaration universelle des droits de l'homme des Nations Unies, que chacun puisse changer de religion. Le saviez-vous ? C'est un droit de l'homme, et personne n'a l'autorité morale d'ôter la liberté d'expression, la liberté de conscience, et la liberté de changer de religion de quelqu'un. Réduire au silence la conscience et la voix des gens est la violation la plus offensante des droits de l'homme !

En fin de compte, personne d'entre nous ne peut convertir quelqu'un. C'est la puissance de Dieu qui est nécessaire pour transformer un cœur et changer une vie. Mais nous avons tous le droit d'être informés sur les différents systèmes de croyances, pour que nous puissions choisir ce qu'est la *vérité*. Ravi Zacharias dit pertinemment que nous ne devrions pas sacrifier la vérité sur l'autel du respect. Bouddha respectait les prêtres brahmanes, mais il croyait qu'ils avaient tort. Dieu respectera le choix d'une personne de croire à des choses, même si elles ne sont pas vraies. Cependant, « respecter le droit de quelqu'un d'avoir tort ne veut pas dire que la faute soit juste. »[2]

Quand nous, chrétiens, obéissons à la Grande Commission, des personnes intolérantes peuvent nous persécuter, certaines peuvent vouloir nous faire du mal, et dans certains pays, elles peuvent même essayer de nous tuer. Mais nous devons persévérer, parce que Jésus a dit à tous les chrétiens d'aller partager la Bonne Nouvelle à tout prix, parce que lui-même a payé le prix ultime pour que l'homme soit libéré du péché.

Tant de gens dans le monde ont grandi sans savoir qui est vraiment Jésus ni pourquoi il est venu. Des millions d'entre eux sont nés dans des familles bouddhistes, et leurs parents ne leur ont jamais enseigné à rechercher Dieu ni à éprouver ce que dit la Bible. Alors, comment allez-*vous* leur témoigner de Christ ?

QU'ATTENDONS-NOUS ?

Nous savons tous que Jésus désire que chaque chrétien soit un de ses témoins. Est-ce une chose à laquelle nous obéissons activement ? Disons-nous jour après jour dans nos prières : « Dieu, qui est prêt à entendre la Bonne Nouvelle ? Seigneur, montre-moi qui est le prochain ! Donne-moi l'occasion de la partager avec quelqu'un ! » ? Nous pouvons nous retrouver si occupés, que nous en oublions la toute première priorité de Dieu. Nous pouvons perdre de vue le fait que Dieu a cinq milliards d'autres personnes qui ne le connaissent pas encore. Cent cinquante mille d'entre eux meurent et rejoignent l'éternité chaque jour. Il a payé pour leurs âmes autant que pour la nôtre.

Alors, qu'attendons-nous ?

Regardons de plus près les différentes raisons pour lesquelles certains chrétiens ne prennent pas la Grande Commission au sérieux, ou n'ont jamais conduit qui que ce soit au Seigneur.

Premièrement, certaines personnes ne savent tout simplement pas comment faire. C'est la pure vérité. Tant d'églises sont tellement basées sur le modèle « seeker-friendly » (sensibles aux personnes en recherche), qu'elles n'enseignent pas à leurs membres comment évangéliser. Je sais que c'est la vérité, et vous le savez probablement aussi. Combien de messages par an entendez-vous sur : « Voici comment témoigner à un bouddhiste », « Voici comment témoigner à un athée », « Voici comment répondre aux objections d'un évolutionniste » ? Est-ce bien étonnant que les enfants de chrétiens soient plus facilement convaincus par leurs amis du monde que par l'église ?

Nous devons régler ces problèmes si nous souhaitons que l'église ait du courage pour se lever et pour aller, et que les gens aient de l'assurance pour partager leur foi au monde ! C'est pourquoi je fais un sérieux effort pour vous aider à comprendre les bouddhistes, afin que la prochaine fois que vous en rencontrez un, vous n'ayez pas la conversation type : « Salut, je suis chrétien. Saviez-vous que Dieu vous aime tellement qu'il est mort sur la croix pour vous ? », qui sera presque toujours suivi d'un : « En fait, je suis bouddhiste. »

Cette phrase met fin à la conversation ! Beaucoup de chrétiens abandonneront en entendant cette réponse. C'est tout ce qu'il faut à de nombreux chrétiens pour arrêter de se battre pour l'âme éternelle de quelqu'un d'autre. Ils nous donnent une seule phrase : « Je suis bouddhiste. » Et maintenant, que dites-vous ?

Je dis : « Excellent ! Vraiment, vous êtes bouddhiste ? Je m'intéresse beaucoup au bouddhisme. En fait, je suis justement en train de lire un livre sur le bouddhisme ! C'est génial de vous rencontrer. Alors, comment allez-vous ? Êtes-vous capable d'observer les cinq règles d'or de Bouddha ? » Ainsi, la conversation est à nouveau ouverte et vivante !

La plupart du temps, le bouddhiste se sentira obligé, vis-à-vis de lui-même et de vous, de se souvenir des cinq règles d'or de Bouddha.

« Que sont-elles, de nouveau ? » pensera-t-il. S'il est vraiment pris de court, je l'aide un peu : « Connaissez-vous les cinq règles de Bouddha ? Vous connaissez la première, n'est-ce pas ? Vous ne devez pas tuer.

- Ah, oui, répondra-t-il sûrement, je ne tue pas. Je n'ai jamais tué.

- Mais, est-ce que vous mangez de la viande ?

- Oui, oui. J'en mange très souvent !

- Alors, vous brisez la première règle de Bouddha. » Puis, je continuerai à lui poser des questions sur les autres commandements, comme : « Avez-vous déjà volé quelque chose ?

- Oui, mais seulement des petites choses.

- Combien de choses devez-vous voler pour être un voleur ? La valeur de ce que vous volez n'a pas d'importance. Dieu regarde au cœur. Donc, vous n'observez pas non plus la deuxième règle de Bouddha... Qu'en est-il de la troisième ? Avez-vous jamais menti ? - Oui, mais c'était seulement des mensonges blancs. - Mais, un mensonge est un mensonge, n'est-ce pas ? Bouddha dirait-il un mensonge blanc ? La Bible nous avertit que tous les menteurs auront leur part dans l'étang ardent de feu. »

Vous pouvez encore parler des autres règles de Bouddha, et il viendra à réaliser qu'il serait un meilleur bouddhiste en étant sauvé ! Il aurait plus de chances d'observer les cinq lois de Bouddha en naissant de nouveau !

Nous ne sommes pas leurs adversaires et nous ne nous battons pas contre eux. Nous sommes leurs amis, et nous utilisons la loi de Dieu, que Bouddha n'a fait que redonner, pour éveiller leur conscience. Moïse avait déjà défini ces lois bien avant que Bouddha ne les ait dites. Seulement, nous utilisons la loi de Dieu d'une manière qui leur parle. Puis, nous les amenons de ce qui leur est familier vers des choses nouvelles. L'évangélisation a tout à voir avec cela.

L a meilleure aide que l'on puisse avoir vient du Saint-Esprit. Nous devons apprendre à lui être sensibles. Apprendre à lui demander en nous-mêmes : « Qu'est-ce que cette personne connaît ? Que comprendrait-elle ? À quoi s'intéresse-t-elle ? » Vous serez surpris de voir combien de fois quelque chose vous viendra à l'esprit. Cela peut être le sport, les finances, ou une autre religion. Peut-être quelque chose de totalement différent. Essayez donc d'utiliser l'une de ces choses pour amorcer la conversation, parce que la vérité peut se trouver dans tous les domaines. C'est vraiment ce qu'il y a de beau dans la vie.

Si vous êtes sage dans un domaine de votre vie, vous savez que vous avez besoin de demander de l'aide. Les gens les plus riches ont appris à écouter des conseils et à apprendre des choses d'autres personnes de la profession. Les meilleurs athlètes ont encore besoin de tenir compte de ce que leur disent leur coach et leur diététicien. Les meilleurs chanteurs du monde doivent avoir un entraîneur vocal et un manager. Même les grands auteurs ont besoin d'un éditeur !

Personne d'entre nous ne peut être objectif sur lui-même. Quand nous voulons réussir, nous devons rechercher de l'aide auprès d'un expert. Si notre problème c'est le péché, nous devons rechercher quelqu'un qui n'a pas de péché pour nous indiquer quoi faire.

C'est si simple de faire un lien entre ce que les gens connaissent et le message de la Bible, parce que toute chose créée par Dieu renvoie à son Fils Jésus-Christ, plus particulièrement à sa mort, son ensevelissement, et sa résurrection. Jésus dit un jour à ses disciples : « Avez-vous déjà remarqué que la semence que l'on sème meurt, et qu'ensuite elle engendre la vie ? Vous êtes-vous déjà demandé en quoi ce cycle agricole renvoie à moi ? » (Jean 12:24 paraphrasé). Dieu « sema » son Fils sur terre, celui-ci mourut, puis sa résurrection engendra la vie. Chaque jour, le soleil se couche, disparaît, et se lève à nouveau. Chaque jour, vous laissez votre corps se reposer en vous glissant sous la couverture, et si vous avez de la chance, vous vous levez le jour suivant ! Tout dans la vie nous rappelle la mort de Jésus, son ensevelissement, et sa résurrection. Tout se rapporte à lui, parce qu'il est le créateur de tout ce qui est bon.

La première chose que nous devons faire pour obéir à la Grande Commission de Jésus, c'est combler le manque de connaissance par lequel le peuple périt (Osée 4:6). Les chrétiens ne font rien, parce qu'ils ne savent pas quoi dire. Ils ne savent généralement pas quoi dire à des bouddhistes. Quand vous arriverez à la fin de ce livre, ce problème sera résolu pour vous. Vous saurez plus de choses que vous ne pourrez en dire ! Beaucoup de bouddhistes que je rencontre ne savent pas même une petite partie de ce que vous avez déjà appris. Alors, vous avez juste besoin de leur dire une petite partie de ce que vous savez désormais, et plus de gens seront sauvés.

La seconde chose à surmonter pour obéir à la Grande Commission de Jésus, c'est la crainte des hommes. Je ne sais pas comment c'est dans d'autres pays, mais cette peur colle à la peau des Australiens comme la peste. Peut-être ne nous prosternons-nous pas devant des idoles, ou ne souffrons-nous pas vraiment de la pauvreté, mais nous avons nos propres problèmes, et je pense que celui-là surpasse tous les autres : la peur des hommes qui paralyse.

J'ai connu et prié pour des pasteurs qui étaient paralysés par la crainte des hommes. Un pasteur en Australie me dit qu'il avait peur de se rendre dans sa propre église ! Il avait peur des gens qui y étaient. Jésus nous dit : « N'ayez pas peur !³ Celui qui est en vous est plus grand que celui qui est dans le monde ! » (1 Jean 4:4) Si Dieu est avec nous, ne devrions-nous pas nous comporter en vainqueurs ? Nous devons nous adresser à cette peur, et déclarer avec assurance : « Je ne craindrai pas ! » La crainte est la façon pour le diable de nous dépouiller de notre destinée, et de nous tromper en nous amenant à vivre moins que le meilleur de Dieu pour nous.

JEAN 14:12
12 En vérité, en vérité, je vous le dis, celui qui croit en moi fera aussi les œuvres que je fais, et il en fera de plus grandes, parce que je m'en vais au Père.

Jésus dit que vous pouvez faire les œuvres qu'il a faites, et que vous pouvez en faire de plus grandes ! Jésus a guéri des lépreux, ressuscité des morts, ouvert les oreilles des sourds et les yeux des aveugles, et il a dit que vous pouvez faire la même chose. Ne nous préoccupons pas des « plus grandes œuvres » pour le moment, commençons déjà par faire les mêmes œuvres que lui ! Vous, en tant que croyant, en avez le pouvoir dans le nom de Jésus !

Le diable sait que c'est la vérité à votre sujet. Il n'espère qu'une chose, c'est que vous ne réalisiez jamais qui vous êtes vraiment et ce que vous pouvez vraiment faire en Christ. Si vous venez à le réaliser, son dernier recours sera d'essayer de faire en sorte que vous ayez trop peur pour que vous ne viviez jamais ce que la Parole de Dieu dit.

Annoncez la Bonne Nouvelle à quelqu'un, imposez les mains aux malades, et regardez comment le Saint-Esprit œuvre pour confirmer sa propre parole. La Parole de Dieu marche ! J'ai été dans plusieurs pays et prié pour beaucoup de gens malades, peu importe leur religion, et j'ai vu Dieu guérir de nombreuses personnes. Ce fut petit à petit pour certains, instantané pour d'autres, mais tout pas vers la guérison est mieux que de rester malade. N'êtes-vous pas d'accord ? Merci Seigneur !

Dieu dit à Jérémie : « Ne les crains point, car je suis avec toi pour te délivrer, dit l'Éternel. » (1:8). N'ayez pas peur du visage des gens, ni de leur toge, ni de leurs idoles, ni de leurs amulettes, ni de toute autre chose étrange et différente. Dieu est avec vous. Sortez, et répandez la Bonne Nouvelle ! Que va-t-il se passer lorsque quelqu'un de malade sera guéri ? Il va simplement être reconnaissant de vous avoir rencontré ! Et que se passera-t-il si certains rejettent votre message ? J'ai vécu suffisamment longtemps pour savoir ceci : « non » ne signifie pas « jamais ». Maintenant peut ne pas être le moment où la personne est la plus réceptive. Remettez-la à Dieu dans la prière, et allez vers la prochaine personne qui recherche la vérité ou a besoin d'aide. Il y a cinq milliards de gens qui n'ont pas entendu l'Évangile. De nombreuses personnes recevront, beaucoup de gens diront « oui » au don de Dieu concernant le salut ! Nous avons juste à aller distribuer ce don à ceux qui sont prêts et volontaires pour le recevoir. N'attendez pas. Ne le retenez pas. Surmontez vos peurs par la foi. Placez Dieu en premier, et l'onction du Saint-Esprit sera sur vous lorsque vous répandrez votre lumière !

QUE DIRAIT BOUDDHA ?

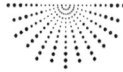

*S*i Bouddha pouvait parler aujourd'hui, que dirait-il ? Je crois qu'il continuerait d'encourager les gens à rechercher un moyen d'éviter l'enfer à tout prix. Il décida de quitter sa caste, ses grandes richesses, sa religion, les traditions humaines de ses ancêtres, et de payer n'importe quel prix pour être libéré du karma[1]. Combien de bouddhistes sont prêts à tout quitter pour trouver le salut ? Jésus dit que c'est le prix demandé. Dans Matthieu 5:29-30, il dit au monde d'éviter l'enfer à tout prix : « Si ton œil droit est pour toi une occasion de chute, arrache-le et jette-le loin de toi ; car il est avantageux pour toi qu'un seul de tes membres périsse, et que ton corps entier ne soit pas jeté dans la géhenne. Et si ta main droite est pour toi une occasion de chute, coupe-la et jette-la loin de toi ; car il est avantageux pour toi qu'un seul de tes membres périsse, et que ton corps entier n'aille pas dans la géhenne. » Jésus et Bouddha étaient d'accord pour dire que tout prix à payer et toute persécution à endurer valent la peine, si cela nous permet d'éviter les flammes éternelles de l'enfer. Ils avaient beaucoup en commun !

Si Bouddha l'avait pu, il aurait été heureux d'avoir une conversation avec un chrétien, et de méditer avec reconnaissance sur la pensée que son Créateur endura le châtiment pour tous les péchés de l'humanité. Peut-être Bouddha le vit-il. Sinon, comment aurait-il pu prophétiser avec tant de précision au sujet du Sauveur à venir ? Dieu demeure hors du temps. Dieu voyait Jésus-Christ comme « l'Agneau qui a été immolé dès la fondation du monde. » (Apocalypse 13:8) N'aurait-il pas pu montrer cela à Bouddha avant que cela n'arrive dans le temps ?

Si Bouddha était en vie aujourd'hui, je n'ai pas le moindre doute qu'il serait dans une église et lirait la Bible. Si Bouddha était en vie aujourd'hui, il dirait aux bouddhistes : « Réformez votre religion. Arrêtez de vous prosterner devant des idoles. J'ai quitté l'hindouisme, parce que j'avais horreur de toutes ses idoles. Cessez de jouer avec des superstitions.[2] Je vous ai enseignés à raisonner. Discutez avec un chrétien. Méditez profondément sur le prix que le seul Roi sans péché paya pour la rédemption de tous les esclaves. Soyez reconnaissants envers Christ. Il fit ce que personne d'autre n'aurait pu faire. » Voilà ce que seraient les dernières paroles de Bouddha.

APPENDICE

À quel point peut-on se fier aux prophéties et histoires bouddhistes ?

Personne ne peut prouver ce que Bouddha a enseigné à l'origine. Contrairement aux chrétiens, les bouddhistes n'ont tout simplement pas de manuscrits originaux qui remontent à l'époque de Bouddha. Personne ne peut non plus prouver que les enseignements bouddhistes actuels n'ont pas été corrompus après 2500 ans. Tout ce que nous pouvons faire, c'est mettre ensemble les éléments qui s'y rapportent, du mieux que nous pouvons.

Je suis reconnaissant des efforts d'un moine, Tongsuk Siriruk, qui en 1954 écrivit certaines des histoires bouddhistes utiles aux chrétiens. D'autres ont remis en question sa crédibilité.

Même si je ne m'intéresse pas en particulier à le défendre (je ne m'intéresse qu'à défendre l'Évangile), certains de mes commentaires peuvent aller dans ce sens, puisque l'homme est décédé et ne peut répondre pour lui-même. Tongsuk abandonna la prêtrise bouddhiste et devint chrétien. Toute personne qui quitte ses traditions sera critiquée. (Bouddha fut critiqué lorsqu'il abandonna l'hindouisme.) Mais en dépit des critiques, je pense que ce qu'il écrivit vaut la peine qu'on s'y intéresse.

Premièrement, Tongsuk reçut l'autorisation de Pra-Siwisuttiwong (prêtre-député de Bangkok) de copier le Tripitaka au

Wat-Prasing[1] de Chiang Mai. Sa copie fut certifiée exacte par le chef de son village le 13 octobre 1954.

Deuxièmement, Chiang Mai est le lieu historique du texte pali officiel en Thaïlande, qui fut révisé en 1477 lors du huitième concile bouddhiste thaï. Quel meilleur endroit pour copier la version originale des textes bouddhistes ?

Troisièmement, Tongsuk se référa aux textes bouddhistes en utilisant des termes archaïques comme « Praputta-jarot Pook 5 ». « Praputta-jarot » veut dire « paroles de Bouddha ». Ici, « Pook » fait référence aux feuilles de palmier (« bai lan ») reliées (« pook ») par une ficelle (« sai sanong »). C'était l'ancienne façon de conserver les textes bouddhistes. Les moines d'aujourd'hui ne se réfèrent plus aux « pook » mais aux livres (« lem »).

Quatrièmement, Tongsuk se référa au Kampee Khom, ou texte sacré cambodgien (khmer). Le peuple mon-khmer était le peuple dominant vivant dans la région qui s'étend du Myanmar actuel au Cambodge ; ils étaient les premiers bouddhistes du Theravada en Asie du Sud-Est. Quand le peuple thaï, qui inclut les habitants de l'île d'Hainan (île au sud-est de la Chine) jusqu'à ceux de l'Assam (état au nord-est de l'Inde), immigra[2] dans l'actuelle Thaïlande, les gens amenèrent avec eux leur croyance au bouddhisme mahayana. Les Thaïlandais se convertirent au Theravada[3], après avoir été au contact des Mon-Khmers. L'alphabet thaï vint de l'alphabet khmer[4]. Le bouddhisme thaï vint du bouddhisme khmer. Ainsi, il est fort probable que nous trouvions les toutes premières histoires de Bouddha, non achevées, dans les textes khmers.

Cinquièmement, tout enseignement auquel Tongsuk fit référence appartient à la doctrine bouddhiste standard. Ce que l'on peut trouver dans le Tripitaka d'aujourd'hui, il le communiqua fidèlement, avec exactitude. Il n'y a donc aucune raison de douter de lui, lorsqu'il inscrivit des choses qui peuvent ne plus figurer dans les versions plus récentes du Tripitaka.

Sixièmement, Tongsuk était un moine bouddhiste sincère, qui devint quelqu'un qui suivit sincèrement Jésus-Christ. Aucun croyant ne veut mentir, parce que tant dans le bouddhisme que dans le christianisme, « tous les menteurs auront leur part dans l'étang ardent de feu. »

Septièmement, 2261 années s'écoulèrent entre le troisième

concile (où l'on se mit d'accord sur le texte du Theravada) et le dernier concile en Birmanie (où des révisions modernes furent faites). Si l'on devait douter de quoi que ce soit, ce serait de la dernière révision. Puisque le christianisme était très répandu au XXème siècle, certaines histoires qui rappelaient trop la foi chrétienne ont pu être ôtées des textes bouddhistes. Je ne dis pas que ce fut fait délibérément ou de manière malveillante, mais cela a pu être fait inconsciemment, ou en voulant sincèrement éviter qu'il y ait confusion.

Huitièmement, les critiques sont généralement jeunes. Ils ne se souviennent pas que de nombreux anciens thaïs parlèrent des prédictions de Bouddha, au sujet de celui qui viendrait après lui et aurait des marques sur les mains, les pieds et le côté. Tout le monde le sait dans la génération d'avant. J'ai discuté avec de nombreux bouddhistes, pour qui cette prophétie était familière. C'est impossible qu'ils aient tous été « évangélisés » au début du XXème siècle, puisque nous sommes à présent bien dans le XXIème siècle, et que les chrétiens évangéliques représentent toujours moins d'1% de la population en Thaïlande. Il est plus probable qu'ils aient su cela grâce à des textes bouddhistes plus anciens.

Neuvièmement, si nous revenons aux racines du bouddhisme, qui sont hindoues, nous pouvons trouver des prédictions semblables sur la venue du Sauveur du monde. Tous les hindous qui étudient les Védas le savent. J'ai demandé à plusieurs de mes amis indiens s'ils avaient entendu parler de la prédiction de Bouddha sur la venue du Sauveur avec des mains, des pieds et un côté percés, et ils m'ont dit que c'est quelque chose de bien connu. Si la connaissance de cela s'est perpétuée en Inde pendant 2500 ans, et que les non-bouddhistes peuvent encore s'en souvenir, les bouddhistes plus âgés ne devraient-ils pas également se souvenir de cette histoire ?

NOTES

AVANT-PROPOS SUR LA LANGUE

1. La Bible en latin s'appelle la *Vulgate* ; elle fut la Bible officielle de l'Église catholique jusqu'en 1979.
2. La Réforme protestante a officiellement commencé en 1517 quand Martin Luther a *protesté* contre les idées catholiques selon lesquelles le pape était infaillible, l'Église pouvait vendre le salut (ce qu'on appelle les « indulgences »), et seul le clergé pouvait comprendre la Bible. Les protestants mettent l'accent sur le fait que la Bible est la seule source de vérité infaillible, que le salut s'obtient seulement par la foi en Christ, et que chaque personne dans ce monde qui *veut* comprendre la Bible peut la comprendre. Il est intéressant de remarquer que l'une des questions les plus fréquemment posées par les bouddhistes est : « Quelle est la différence entre être catholique et être protestant ? »
3. La Bible est le livre le plus traduit dans le monde encore aujourd'hui. La Bible existe en plus de 2300 langues sur les plus de 6000 langues connues, et est disponible dans beaucoup d'hôtels, sur Internet, et même via les téléphones mobiles ! (http://www.biblesociety.org/latestnews/latest232-slr2002stats.html)
4. Quand le pape Jean XXIII convoqua le deuxième concile du Vatican, il a été décidé d'autoriser l'usage de la langue vernaculaire pour les messes (les cultes catholiques). Avant cela, les gens ne comprenaient pas ce qui était dit durant le culte.
5. Les Asiatiques font référence au pali-sanskrit de la même façon que les Occidentaux se réfèrent au gréco-romain. Bien qu'étant deux influences bien distinctes, elles sont devenues très proches au cours de l'Histoire.

INTRODUCTION

1. Hawaï a une importante population d'immigrés chinois, japonais et coréens, dont la plupart sont bouddhistes.

2. L'HISTOIRE DE LA MURÈNE

1. En thaï : « pla lai ».
2. Certains Occidentaux sont peut-être ravis de ne jamais manger de murène, mais beaucoup d'Asiatiques aiment ça. Les Japonais en grillent avec de la sauce teriyaki, et c'est vraiment bon.
3. En thaï : « Platoo Nam ».
4. En thaï, « payer le prix pour être libéré du péché ». « Sadau » signifie littéralement frapper, battre, ou pourchasser. « Kro » reprend « kro gum wain gum », littéralement « mal inattendu du karma ; vengeance du karma », ou simplement « mauvais karma, karma vengeur ». « Sadau kro » exige l'accomplissement d'une

bonne œuvre qui, en général, impliquera d'acheter quelque chose ; par exemple, acheter des oiseaux, ou des murènes, pour les relâcher. Cela vient probablement de la pratique de l'Ancien Testament consistant à chasser le bouc dans le désert (Lévitique 16:22) et à lâcher dans les champs un oiseau pur trempé dans le sang (Lévitique 14:6). La pratique de l'Ancien Testament précède Bouddha de 3000 ans, et a été codifiée à l'époque de Moïse 1000 ans avant Bouddha. En Asie du Sud-Est, bien sûr, il n'y avait pas de chèvres sur place, alors ils pourraient avoir adapté la pratique biblique avec d'autres choses comme des porcs, des volailles, des murènes ou même des fleurs. Si vous ne voulez pas accomplir l'œuvre vous-même, vous pouvez payer un moine pour le faire à votre place.

5. En thaï : « buad », ou devenir une nonne.
6. Dans les pays bouddhistes, beaucoup de chauffeurs de taxi placent des idoles sur le tableau de bord de leur voiture en espérant être protégés. Je me suis souvent demandé en quoi cette superstition pouvait être efficace, puisqu'en cas de n'importe quelle collision frontale, les idoles seraient presque à coup sûr les premières à traverser le pare-brise !

3. QUAND L'ORIENT RENCONTRE L'OCCIDENT

1. Matthieu 2:2, 8:2, 14:33, 28:9,17 ; Jean 13:12, 20:28-29
2. Jean 3:15-16,36 ; 5:24, 6:47
3. En thaï : « nippan ».
4. En thaï : « duang ».
5. En thaï : « suoy ».
6. La *théorie de la relativité générale* d'Einstein prouve que le temps et la matière sont liés, et qu'ainsi, si la matière a eu un commencement, alors le temps en a eu un également. Puisque tout ce qui a un commencement a une cause, le commencement du temps et de la matière exige une Cause Première.

   Le *second principe de la thermodynamique* ou *entropie* stipule que l'univers est en déclin, passant de l'ordre au désordre ; ainsi, un univers infiniment ancien serait dans un état d'infini désordre (sans qu'il y reste aucune vie ou énergie disponibles). Or, comme il y a de l'ordre, des informations biologiques et de l'énergie disponibles, l'univers ne peut pas être infiniment ancien, mais doit avoir eu un commencement. Quelqu'un, au commencement, l'a ordonné.

4. LE BOUDDHA MAIGRE, LE GROS BOUDDHA ET LE BOUDDHA RIEUR

1. Vous pouvez en lire davantage sur les différentes sectes du bouddhisme dans le chapitre « Quelle dénomination ? »
2. En thaï : « Pra-see-ariya-med-trai-yo », que les Thaïs préfèrent raccourcir en « Pra-see-arn » ou « Pra-med-trai ».
3. Selon la Bible, Pierre était marié (Marc 1:30) et les autres apôtres l'étaient aussi (1 Corinthiens 9:5). Bien que Paul n'ait pas été marié, il recommandait à Tite et à Timothée de trouver pour les églises des responsables qui l'étaient (1 Timothée 3:1-2, Tite 1:6-7), et demandait que le mariage soit honoré (Hébreux 13:4). Il n'y a pas de commandement biblique qui dit de ne pas se marier, et il y en a un qui dit précisément de ne *pas* interdire le mariage (1 Timothée 4:2-3).

5. QUI ÉTAIT BOUDDHA ?

1. Il s'agit probablement d'une corruption de la vraie prophétie messianique. Même le nom Maitreya fait penser à Messie. Les Juifs, les musulmans, et certains bouddhistes, croient à juste titre que quelqu'un de parfait et sans péchés viendra de nouveau. Son nom est Jésus.

2. Il y a un parc Lumpini à Bangkok, qui tire son nom du lieu de naissance de Bouddha.

3. Les brahmanes sont des nobles de la plus haute caste de la société indienne. (À ne pas confondre avec les brahmanes, prêtres de la religion hindoue.) Ces huit brahmanes étaient à l'évidence des prophètes.

4. En sanskrit : Guandinya. En pali : Kondanna.

5. Alors que beaucoup de pays occidentaux ont quatre saisons, cette partie du monde n'en a que trois : une chaude, une froide, et une pluvieuse.

6. La nièce de sa mère.

7. En sanskrit : « avidya ». En pali : « avijja ». En français : illusion, ignorance. Rattaché à « maya », qui pour les hindous est l'illusion ou brève réalité de la vie et de l'univers. Tant dans le bouddhisme que dans le christianisme, il ne peut y avoir de salut sans qu'un individu ne comprenne qu'il y a plus que ce que l'on voit. Dieu et le ciel sont réels.

8. Le but consistant à être libéré de la souffrance s'appelle « moksha » ou « mukti ».

9. Pour un aperçu complet des religions et sectes du monde en DVD (en anglais), vous pouvez visiter : www.discover.org.au/bookshop.

10. Sujata pensa qu'il était un esprit, tant il était maigre.

11. Cette sorte de figuier est aussi large qu'un banian et est localement connu comme « l'arbre de la Bodhi ».

12. Le 8 décembre est fêté comme le jour où Siddhartha Gautama s'assit sous « l'arbre de la Bodhi ».

13. En sanskrit : « arhat ». En pali : « arahant ». En français : celui qui a échappé au « samsara » (réincarnation) et atteint le « nirvana » (extinction).

14. En pali-sanskrit : « arya-sangha ». En français : groupe de moines saints.

6. LA PARABOLE DU LOTUS

1. 1 Corinthiens 15:6, Luc 24:49, Actes 1:4-8

2. Actes 1:15

3. D'une façon semblable

4. Proverbes 8:17, Jérémie 29:13, Matthieu 7:7-8

5. Pour comparer, le ministère de Jésus dura trois ans et demi, et il en découla plus de leaders et de croyants que celui de n'importe qui avant ou après lui. Quand son premier disciple Pierre prêcha pour la première fois, 3000 personnes devinrent chrétiennes (Actes 2:41). Après sa deuxième prédication, 5000 personnes devinrent chrétiennes (Actes 4:4).

6. Un mot pali-sanskrit signifiant « bonheur ». Parfois, c'est Ananda qui enseignait à la place de Bouddha. Il est vu par une certaine tradition bouddhiste comme le second patriarche du bouddhisme. De l'Inde à la Thaïlande, Ananda est devenu un nom de garçon très répandu, parce qu'il était le disciple favori de Bouddha.

7. Le 15 février, c'est le Jour du Nirvana, qui commémore la mort de Bouddha. Sa mort ne fut pas marquée par un miracle particulier ou par un signe relatif à son

éveil, mais par une intoxication alimentaire. Le parallèle chrétien est le Jour de Pâques ou Jour de la Résurrection, qui commémore le triomphe de Jésus sur le plus grand ennemi de l'être humain. Jésus a vaincu la mort.

8. Avant l'occidentalisation, les bouddhistes n'utilisaient pas ce que nous appelons « l'An du Seigneur » ou « Anno Domini » (A.D.) en latin. À la place, les bouddhistes utilisent la date approximative de l'éveil de Bouddha comme point de départ. Pour savoir en quelle année nous sommes selon le calendrier bouddhiste, il faut simplement ajouter 543 à l'année en cours. Par exemple, l'année chrétienne 2000 après Jésus-Christ serait l'année 2543 dans certains pays bouddhistes.

8. LES QUATRE NOBLES VÉRITÉS

1. En pali : « ariyasaccani ». En sanskrit : « aryasatyani ». En thaï : « ariya sat si », littéralement « nobles vérités quatre ».
2. Je donnerai d'abord la prononciation en thaï, et ensuite celle en pali-sanskrit.
3. Les Indiens l'appellent « karma ». Les Thaïs l'appellent « gum » ou « wain gum », ou, pour être plus précis, « kro gum wain gum ».
4. N'importe quel parent sait que le libre arbitre d'un enfant est très puissant. Peu importe combien vous aimez votre enfant et l'enseignez bien, s'il choisit de faire confiance à des dealers de drogue ou à des criminels, la méfiance qu'il a de vous ou la confiance en de mauvais amis peuvent le conduire à la mort. À l'inverse, leur confiance en votre sagesse, même quand ils ne la comprennent pas encore, peut sauver leur vie. Dieu, comme un bon Père, veut que nous lui fassions confiance parce que notre foi en lui nous sauvera.
5. Dictionnaire *Dictionary of the Royal Institute*, publié par Aksorn Chareon Tat, à Bangkok, Edition 2525 (1982), autorisé par le gouvernement thaï et approuvé par le Général de l'Armée & Premier Ministre Prame Tinasulanon, p. 12.
6. « Baab » est le mot thaï pour péché. Les chrétiens ont généralement préféré utiliser « baab » plutôt que le mot « gum », même si la deuxième définition de « gum » nous dit qu'ils sont synonymes ; cependant, « gum » est plus facile à comprendre pour les bouddhistes.
7. Aussi bien le bouddhisme que le christianisme enseignent que nous sommes pécheurs depuis le jour de notre naissance. Le bouddhisme enseigne que si nous étions parfaits, nous ne naîtrions pas du tout. Nous cesserions d'être réincarnés. La Bible dit que nous héritons notre nature, ou ADN spirituel, de nos parents pécheurs, Adam et Ève. Cependant, les bébés et enfants qui meurent jeunes ne vont pas en enfer parce qu'ils n'ont pas atteint l'âge de raison. Dieu ne les tient pas pour responsables jusqu'à ce qu'ils sachent ce que sont le bien et le mal, et choisissent volontairement le mal.
8. En thaï : « got hang gum ».
9. En sanskrit : « moksha » ou « mukti ».
10. Littéralement, on cesse d'exister ; mais beaucoup de bouddhistes croient également au ciel et à l'enfer. La Bible enseigne clairement qu'il y a un ciel et un enfer.

9. VICTIME DE LA POLIO

1. En thaï : « Samret arahan », ou atteindre le plus haut niveau dans la vie.
2. En thaï : « buad hai maa ».
3. En thaï : « gor pa lerng kern sawan ».
4. En thaï : « nang wipadsana ».
5. En thaï : « suoy ».
6. En thaï : « bpadt bpow », ou littéralement « balayer ».
7. En thaï : « mai kraup 32 suan ».
8. Le brahmanisme enseigne que la plus haute condition humaine est de naître brahmane, c'est-à-dire membre de la classe sacerdotale en Inde. Seuls les brahmanes ont le privilège d'enseigner la littérature sacrée hindoue. Certains utilisent le brahmanisme comme un synonyme de l'hindouisme, tandis que d'autres croient que c'est une dénomination au sein d'une plus grande religion. Je laisse le choix au lecteur, mais il est clair que l'on retrouve des similitudes entre les deux.
9. Assumption Business Administration College, une université catholique à Bangkok où l'on parle anglais.

10. COMMENT JÉSUS S'EST FAIT CONNAÎTRE

1. En thaï : « lut pon jag gum » = être libéré de la puissance du péché.

11. LES CINQ COMMANDEMENTS DE BOUDDHA

1. L'équivalent en sanskrit est « pancha shila ».
2. « Benja seen » et « seen ha » sont synonymes, mais le second est plus fréquemment utilisé de nos jours.
3. *Dictionary of Buddhism* (thaï-anglais), P.A. Payutto, University of Maha Chulalongkorn Ratchawitayarai, 2546 (2003), p. 175.
4. « Ibid ». p. 175.
5. « Ibid. » p.175.

13. LE BOUDDHISTE CORÉEN

1. Malgré le malentendu courant, le christianisme n'est *pas* une religion occidentale. Le christianisme est apparu en Orient, et aujourd'hui, certaines des plus grandes églises dans le monde sont dans des pays asiatiques comme la Corée du Sud, Singapour ou l'Indonésie. Certaines des régions du monde où le christianisme est le plus présent sont en Asie : un tiers des Coréens du Sud sont nés de nouveau, et dans le nord-est de l'Inde, au Nagaland, 80% des gens se disent nés de nouveau. Il y a des millions de chrétiens dans les églises persécutées en Chine !
2. Le bulgogi est une viande délicieuse au barbecue ! Goûtez-la, la prochaine fois que vous mangerez dans un restaurant coréen !
3. Si vous êtes intéressé par plus d'enseignements audio ou vidéo sur les questions

financières, vous pouvez vous rendre sur le site : www.discover.org.au/bookshop
(en anglais)

14. LES DIX KARMAS

1. En thaï : « gumma bot sip (10). »
2. En thaï : « hon-taang hang gum sip (10) yaang serng ja tum hai mannut pai soo
narok. »

15. Y A-T-IL UN ENFER ?

1. En thaï : « maan » ; en pali : « mara ».
2. En thaï : « dok pai nai grata-tongdang »
3. En thaï : « peen ton ngew ». Le nom scientifique de cet arbre « ton ngew » est le
« Bombax ceiba », un arbre tropical dont le tronc est couvert d'épines et de
pointes.
4. Texte sacré du bouddhisme. Vous pourrez en savoir plus à ce sujet dans le
chapitre « Les trois corbeilles ».
5. En thaï : « kum ».
6. En thaï : « Baap na, ter ja tok Narok Away-jee! »
7. Kampan Sudcha, de l'organisation thaïe « Lower Isaan Foundation for
Enablement » (LIFE), utilise cette question pour témoigner de la foi.
8. Matthieu 25:41
9. Luc 16:24 – C'est Jésus, et Bill Wiese, qui m'ont aidé à réaliser à quel point l'enfer
est réellement un lieu terrible !
10. Apocalypse 14:10
11. Psaume 88:7
12. Psaume 127:2, Apocalypse 14:11
13. Psaume 88:9
14. Osée 13:8
15. Psaume 106:41, Deutéronome 28:29
16. Apocalypse 13:6, Jean 15:18

16. LA RÉINCARNATION

1. Selon une recherche du groupe Barna, du 21 octobre 2003 – www.barna.org
2. Ce qui correspond à se rendre au nirvana. Le nirvana signifie strictement être en
dehors de l'existence, mais si vous parlez d'aller au ciel, beaucoup de bouddhistes
l'accepteront.
3. En thaï : « kro gum wain gum »
4. En thaï : « nippan ». Littéralement, cesser d'exister.
5. Scott Noble, *The Buddhist Road Map* (la carte du bouddhiste), http://www.letusrea-
son.org/Buddh7.htm, se référant à Ernest Valea, *Past-life recall as modern proof for
reincarnation* (souvenir d'une vie antérieure comme preuve moderne de
réincarnation), www.comparativereligion.com/reincarnation1.html
6. En thaï : « wain wai dai gerd ».

17. LE BOUDDHISME ET LES FEMMES

1. La « politique de l'enfant unique », instituée par Deng Xiaoping en 1979, devrait en réalité être appelée « politique de la naissance unique », parce que les mères chinoises sont autorisées à donner naissance à des jumeaux.
2. La Thaïlande a des « mae chee's », ou femmes non-ordonnées, qui font vœu de célibat et renoncent à la manière de vivre du monde.
3. The Australian (journal quotidien national australien, du 20 mars 2008), « Resigning crosses church-state line. » (démissionner franchit la limite qui sépare l'église de l'état)

18. LE ROI ASOKA ET LE PYTHON

1. En thaï : « seen ». Rappelez-vous que les commandements qu'un bouddhiste doit garder au minimum sont les cinq interdictions, ou « seen ha ». Cet homme en a gardé plus que cinq ! C'est ce à quoi cette histoire fait référence : observer tous les « seen ».
2. En thaï : « pla siew ».
3. En thaï : « pla-jom » – un délicieux plat asiatique.
4. En thaï : « tum ». En pali : « tamma ». En sanskrit : « dharma ».
5. En thaï : « boon ».
6. En thaï : « pit seen pana ».

19. CE QUE JÉSUS DIT DE LA RÉINCARNATION

1. Faire des bonnes œuvres qui comptent comme « mérite », comme offrir de la nourriture à des moines le matin. Accumuler du mérite.

20. LE ROI ET LE SERVITEUR INGRAT

1. Travailler sept jours par semaine, bien sûr, est un péché. Cela brise le quatrième commandement de Dieu, qui est de lui réserver au moins un jour dans la semaine. Nous avons là le cas d'un pécheur qui essaye d'échapper au péché, tout en péchant. Alors même qu'il travaille pour payer pour ses péchés, il en ajoute davantage.
2. Les Hébreux commencent leur journée par un temps de repos, qui est un type de Christ. C'est dans le repos, ou en Christ, que nous trouvons la force nécessaire à chaque jour. Dans la Genèse, au chapitre 1, Dieu appelle chaque « soir et matin », *et non* « matin et soir », une journée entière. Dieu ne termine jamais la journée dans les ténèbres. Avec Dieu, les choses évoluent toujours des ténèbres à la lumière, et nos jours sont toujours plus remplis de lumière !
3. Bloomberg.com, Kristin Hensen & Timothy Burger, « Clinton Earns $10.7 Million » (Clinton gagne 10,7 millions de dollars), 14 juin 2007.
4. Romains 8:17, Galates 4:7
5. Romains 8:37
6. Éphésiens 1:20
7. Être riche, c'est bien plus qu'avoir de l'argent. C'est avoir du temps, la paix de

l'âme, la protection de Dieu, des opportunités que l'argent ne peut pas acheter. C'est grandir dans la connaissance de votre identité en Christ, savoir ce que vous possédez en lui, et l'autorité qui vous appartient grâce à lui. J'ai rassemblé des passages édifiants à ce sujet dans mon livre *Zoe Life Reality* (la réalité de Zoé, la vie de Dieu), disponible en anglais sur www.discover.org.au/bookshop.

22. LES DERNIÈRES PAROLES DE BOUDDHA

1. En thaï : « gilead », ou corruption naturelle.
2. Le titre en entier est « Pra-see-ariya-med-trai-yo », que les Thaïs ont tendance à raccourcir en « Pra-see-arn » ou en « Pra-medtrai ».
3. En thaï : « prahm », un des prêtres hindous.
4. En thaï : « asongkai ». C'est un ancien mot qui désigne une durée indéfinie. Dans ce contexte, le sens du mot n'est pas clair.
5. En thaï : « gongjak » – c'est une roue tranchante dentelée, une arme ancienne.
6. Le mot thaï pour « nirvana ».

23. QUELLE DÉNOMINATION ?

1. En thaï : « nikai », en pali : « nikaya ».
2. Les catholiques et les protestants se divisèrent en 1517, n'étant d'accord ni sur l'autorité de la Bible ni sur le pouvoir du pape. Les protestants croient à la suprématie de la Bible par rapport à toute institution de l'homme. Une division semblable eut lieu en 1054 entre les catholiques romains et les orthodoxes orientaux, également à cause de la question du pouvoir du pape romain.
3. Il existe une troisième branche du bouddhisme, plus nationaliste, appelée bouddhisme tibétain ou Vajrayana, littéralement le « véhicule du diamant ».
4. Une courte biographie du roi Asoka peut être lue dans le chapitre « Le roi Asoka et le python ».
5. En thaï : « Hinayan ». « Hina » veut dire « petit » en sanskrit, et « yana » veut dire « véhicule ». « Hinayana » signifie petit véhicule, ou voie vers l'illumination.
6. En thaï : « Terawad ».
7. En thai : « Mahayan ». « Maha » veut dire « grand » en sanskrit, et « yana » veut dire « véhicule ». « Mahayana » signifie grand véhicule, ou voie vers l'illumination.
8. Le bouddhisme zen fut fondé par Bodhi-dharma, un moine indien en Chine, qui arriva au Japon en 538 après Jésus-Christ.
9. En chinois : Guan Yin. En thaï : Guan Im.
10. « Vajra » veut dire « diamant » en sanskrit, et « yana » veut dire « véhicule ».
11. Appelées les Sutras du Mahayana.
12. Un bodhisattva est un saint, c'est-à-dire une personne qui a accepté de remettre le nirvana à plus tard, pour pouvoir aider d'autres à parvenir à l'illumination. Dans la pratique, ils sont vénérés, et on les prie comme des dieux et des déesses qui pourraient accorder des souhaits et la protection.
13. Le plus célèbre étant le « Bardo Thodol », ou le Livre des Morts tibétain.
14. « Dalai » veut dire « océan » en mongol, et « Lama » signifie « gourou » ou « moine » en tibétain.
15. Matthew Philips, *China Regulates Buddhist Reincarnation* [La Chine régule la réincarnation bouddhiste], Newsweek du 20-27 août 2007. Disponible (en anglais) sur : www.tibet.ca/en/wtnarchive/2007/8/23_5.html

24. LES TROIS CORBEILLES (TRIPITAKA)

1. Toutes les versions de la Bible, dans chaque langue, contiennent les mêmes récits. (Certaines Bibles catholiques ont quelques livres supplémentaires, les apocryphes, mais le contenu des livres acceptés universellement ne change pas.) La conservation de la Bible est un vrai miracle. Certaines personnes s'inquiètent que la Bible ait pu être corrompue. Cependant, en 300 avant Jésus-Christ, l'Ancien Testament avait été traduit de l'hébreu en latin ; et en 150 après Jésus-Christ, le Nouveau Testament avait été traduit du grec en latin, en syriaque, en langue copte, et en de nombreuses autres langues. Puisque la Bible est le livre le plus traduit et le plus cité dans le monde, si quiconque voulait l'« altérer », il devrait non seulement changer sa propre copie de la Bible, mais aussi des milliers d'autres, dans de nombreuses langues étrangères, ainsi que des milliers de commentaires écrits par des érudits comme Irénée, Origène, Tertullien... un exploit qui, s'il était possible, serait un miracle plus grand que la capacité de Dieu à préserver l'intégrité de la Bible !
2. http://www.akshin.net/literature/budlitsourceschina.htm (en anglais)
3. http://www.akshin.net/literature/budlitsourcespali.htm (en anglais)
4. Exode 17:14, 34:27, Deutéronome 27:3
5. Deutéronome 11:20
6. Deutéronome 17:18
7. Ésaïe 8:1, 30:8, Jérémie 30:2, Habakuk 2:2, Luc 1:3, Apocalypse 1:11
8. En thaï : « bai lan ». En cambodgien : « slek rit ».
9. En thaï : « sai sanong ».
10. Thaï pour « réliés ».
11. Né Thong Duang (1737-1802), on lui donna le titre royal « Bouddha Yodfa Chulaloke », et il devint « Rama Ier » à titre posthume. Il fut le premier roi de la dynastie Chakri, actuellement régnante, et le premier à désigner un « Sangha-Raja » (littéralement le « Raja de la communauté religieuse », ou patriarche suprême du bouddhisme thaï). Rama Ier transféra également la capitale du Siam, Thonburi, à Bangkok, et construisit le fameux « Wat Pra Kaew » qui abrite le Bouddha d'émeraude, qu'il avait pris de Vientiane au Laos.

25. LES SIX CONCILES BOUDDHISTES

1. En thaï : « maha-pari-nippan », qui veut dire mourir sans revenir.
2. Maha-Gasapa fut l'un des premiers cinq disciples de Bouddha, et l'un des trois frères Gasapa qui se convertirent de l'hindouisme au bouddhisme. Maha-Gasapa signifie « Grand Gasapa ». Le bouddhisme mahayana affirme que Maha-Gasapa fut réincarné en Ji-Gong, le moine chinois qui consommait de la viande et s'adonnait au vin. Dans le taoïsme chinois, on donne à Ji-Gong le statut de divinité des cieux, et on l'adore en tant que Daoji. Que Maha-Gasapa ait été réincarné en Ji-Gong ou en Daoji, ce serait vraiment avoir rétrogradé par rapport à l'objectif de devenir un bouddha, et ce serait une contradiction par rapport à l'enseignement bouddhiste. Si après Bouddha quelqu'un devint également un bouddha, on suppose que ce soit au moins l'un de ses cinq premiers disciples. Si aucun d'eux ne le put, il est peu probable que qui que ce soit d'autre après eux puisse un jour espérer échapper au karma !
3. Il y a des désaccords majeurs concernant les dates des évènements dans le

bouddhisme. J'ai choisi de prendre la plupart des dates sur www.wikipedia.com parce que je trouve que l'exactitude des dates n'a de rapport ni avec les enseignements de Bouddha, ni avec l'amour que les chrétiens peuvent témoigner à des bouddhistes.

26. LE ROI NARESUAN

1. Littéralement, le prince ou le roi Naresuan (1555-1605). C'est un héros populaire de l'histoire thaïe, et les films qui ont été faits récemment à son sujet ont ajouté à sa popularité chez les Thaïlandais.
2. http://www.letusreason.org/Buddh7.htm (en anglais)

27. RÉSUMÉ

1. Dans les cours de sciences de niveau universitaire que j'ai suivis, toute occasion était bonne pour nous répéter que la terre est ancienne de plusieurs millions d'années. Il y a, à l'évidence, un problème mathématique dans cette affirmation : la population humaine totale était de seulement un milliard en 1804, 500 millions en 1600, 200 millions à la naissance de Christ (en l'an 1 après Jésus-Christ). Même si l'on admettait une croissance de 0,5% par an (proche du taux d'extinction), en faisant marche arrière, nous n'obtiendrions que très peu de gens autour de 5000 avant Jésus-Christ (l'époque de Noé et du déluge). Si les êtres humains avaient existé depuis des millions d'années, où sont tous les ossements des hommes préhistoriques ? Nos villes modernes devraient avoir été construites sur des ossements humains.
   Henry Morris écrivit : « Il commence à être clairement évident que la race humaine ne peut pas être bien ancienne ! La chronologie biblique traditionnelle est infiniment plus réaliste qu'une histoire de l'humanité ancienne de plusieurs millions d'années, présumée par les évolutionnistes. » (www.ldolphin.org/morris.html) Pour lire davantage d'articles écrits par des scientifiques qui remettent en question les hypothèses anti-bibliques classiques, tapez des mots-clés sur www.answersingenesis.org ou www.creationontheweb.org (en anglais).
2. Une vierge qui donne la vie était autrefois perçu comme un mythe fantaisiste. Aujourd'hui, nous savons que c'est possible par la FIV (fécondation in vitro). La technologie de Dieu avait simplement de l'avance sur nous.
3. Pour authentifier sa venue sur terre, Dieu la précéda de quatre mille ans de prophéties, annonçant à l'avance comment il viendrait de façon très détaillée : Genèse 3:15, Proverbes 30:4, Ésaïe 7:14, Ésaïe 9:6, Michée 5:2, Malachie 3:1, Matthieu 1:23.

28. PRÉDICTIONS DE BOUDDHA ET DE JÉSUS SUR LA FIN DES TEMPS

1. En thaï : « tamnai ».
2. En sanskrit : « dharma » ; en pali : « tamma ».
3. Matthieu 10:21, 24:10, Luc 21:16

4. En pali-sanskrit : « panya-dtagk-charn » ou « pa-ti-sampi-tayarn ».
5. En thaï : « ho hern dern agad ».
6. En thaï : « wai roobp, ter phee ».
7. En pali-sanskrit : « micha-thi-ti », ou considérer bien ce qui est mal (ex. adoration d'idoles, d'esprits, de démons)
8. Si Bouddha avait raison, nous sommes à moins de cinq cent ans de cela. Cependant, ceux qui étudient la Bible attendent le retour de Christ bien avant cela, en se basant sur l'observation des prophéties qui ont été accomplies en Israël et au Moyen-Orient.
9. En thaï : « fai-bunlai-gun ».
10. Pour mieux comprendre les prophéties bibliques sur la fin des temps, veuillez visiter le site www.discover.org.au/bookshop, où vous pourrez trouver (en anglais) :
    une série de 3h sur CD, sur les premiers chapitres de l'Apocalypse, appelée « 7 Letters to 7 Churches » [Sept lettres à sept églises].
    une série de 15h sur CD, appelée « End Times » [Les temps de la fin].
11. Psaume 102:25-26, Ésaïe 51:6, Hébreux 1:10-11
12. Une génération spontanée n'a jamais pu être observée. C'est de la pure fiction.
13. Ce n'est pas à Darwin qu'est venue l'idée de l'évolution, mais il l'a probablement empruntée à son grand-père, Erasmus Darwin, qui publia les premières idées au sujet du Big Bang et de l'évolution dans les années 1790. Quant à la sélection naturelle, certains chercheurs pensent que Charles Darwin plagia Edward Blyth, qui en parla dans les années 1830. Pour plus d'informations, voir : http://www.creationontheweb.com/content/view/387 (en anglais)

29. L'AUTORITÉ DE LA BIBLE

1. « Farang » est un terme général pour désigner les étrangers blancs. À l'origine, il faisait référence aux Français, et vient du mot « français », que les Thaïlandais prononcent « farangced ».

31. LE RISQUE DE SYNCRÉTISME

1. Alan Johnson, *Wrapping the Good News for the Thai* (Emballer la Bonne Nouvelle pour les Thaïlandais), p. 16, http://agts.edu/syllabi/ce/summer2002/mthm639o-leson_sum02_np_r3.pdf
2. Roy Reinhold a calculé que la naissance de Jésus aurait été exactement le 11 septembre de l'an 3 avant Jésus-Christ, ce qui serait significatif pour au moins deux raisons : 1) « Il se trouve » que ce jour est le premier jour de « Tishri », le premier jour de l'année du calendrier hébreu (original) ; 2) « Il se trouve » que Satan envoya des terroristes attaquer les tours jumelles de New York ce jour-là, essayant ainsi de désacraliser la commémoration d'un jour d'espérance en un jour de terrorisme. Voir les articles : « Paganism in Christmas », http://members.aol.-com/prophecy04/Articles/Christianity/christmas.html, et « Exact Date of Yeshua's Birth », http://members.aol.com/prophecy04/Articles/Yeshua/ye-shuabirth1.html (« Noël et paganisme », et « La date exacte de la naissance de Yeshoua », en anglais)
3. Alan Johnson, *Wrapping the Good News for the Thai* (Emballer la Bonne Nouvelle

pour les Thaïlandais), p.4 http://agts.edu/syllabi/ce/summer2002/ mthm639oleson_sum02_np_r3.pdf

33. LES DERNIÈRES PAROLES DE JÉSUS

1. Pour regarder ou écouter d'autres de mes enseignements sur les différentes religions et sectes, veuillez taper vos recherches sur www.discover.org.au/bookshop (en anglais)
2. Ravi Zacharias, *The Lotus & the Cross* (le lotus et la croix), Multnomah Publishers, Oregon, p. 81.
3. Matthieu 10:28, Luc 8:50, Luc 12:32

34. QUE DIRAIT BOUDDHA ?

1. En thaï : « lud pon jag baab » ou être libéré du péché !
2. En thaï : « saiyasaad ».

APPENDICE

1. « Wat » signifie « temple » en thaï. « Wat-prasing » est un nom courant pour de nombreux temples à Chiang Mai.
2. On ne sait pas exactement quand ni pourquoi le peuple thaï arriva en Thaïlande. Une tradition voudrait qu'ils aient fui l'invasion de Gengis Khan (1162-1227) ; et peu de temps après, en 1238, ils fondèrent Sukhothaï (le royaume thaï central), puis le royaume de Lanna (le royaume thaï du Nord) en 1292. Le royaume d'Ayutthaya conquit Sukhothaï en 1350. Ensuite, il envahit l'empire khmer en 1350, renversant Angkor et obligeant les Khmers à transférer leur capitale à l'actuelle Phnom Penh.
3. En fait, les Thaïlandais furent influencés par le Theravada des deux côtés : par les Khmers à l'est, et par les Birmans à l'ouest. Les Birmans conquirent le royaume de Lanna en 1558, et détruisirent Ayutthaya en 1767. Le roi Taksin établit alors la capitale thaïe à Thonburi, et chassa les Birmans hors de la Thaïlande centrale en 1768, et hors de Chiang Mai (la capitale du royaume de Lanna) en 1776. À l'évidence, ses victoires lui montèrent à la tête, puisque Taksin déclara être une personne divine (« sotapanna ») ; c'est pourquoi son peuple se rebella et son commandant l'exécuta en 1782. Cette même année, le commandant transféra la capitale à Bang-Koh (île village). Bien que les Thaïlandais appellent aujourd'hui leur capitale Krung Thep, les Occidentaux la connaissent toujours par son ancien nom, Bangkok. Le commandant devint Pra Ramathibodi ou Rama Ier , le premier roi de l'actuelle dynastie Chakri.
4. Quand les moines thaïs « inscrivent des bénédictions » (« long yan ») sur l'entrée d'une nouvelle maison ou sur le toit d'un nouveau taxi, ou « tatouent des bénédictions » (« long sak ») sur le corps des gens, ou les bras des boxeurs, ils écrivent encore les mots du script mon-khmer ou khom en pali, et non en thaï. Les moines les plus âgés apprennent encore à la fois le khmer ancien et le pali. Le père d'un de mes amis bouddhistes invita un grand prêtre pour qu'il « long yan » sur sa toute nouvelle voiture. Dans les deux mois qui ont suivi, son deuxième fils eut un accident avec cette voiture et mourut à vingt-et-un ans. Le meilleur ami de

ce fils était un jeune policier qui tenait énormément à son ami, et il demanda à avoir la moto du défunt en souvenir. En moins d'un mois, il eut un accident de moto et mourut, laissant veuve la jeune femme qu'il venait d'épouser. Plutôt que d'attribuer la responsabilité de tout cela à la pratique du « long yan », les Thaïlandais rechercheront juste un meilleur moine, d'une meilleure réputation, pour qu'il « long yan ». Si seulement ils savaient que Jésus est le Dieu vivant qui peut les protéger, ces bénédictions écrites ne signifieraient plus rien pour eux.

À PROPOS DE L'AUTEUR

Steve Cioccolanti, titulaire d'une license en lettres et d'une maitrise en éducation, est un écrivain chrétien, un youtubeur avec plus de 280 000 abonnés (www.YouTube.com/DiscoverMinistries) et le directeur de Discover Ministries (www.discover.org.au) en Australie. Il est un enseignant prolifique de La Parole de Dieu.

Né en Thailande d'une famille constituée de bouddhistes, catholiques, méthodistes et musulmans, Cioccolanti a un point de vue unique sur l'évangélisation, les missions et les religions du monde.

Ayant voyager dans plus de 40 pays, Steve est un excellent orateur, qui est très sollicité pour parler sur des sujets sensibles comme la science de la création, les prophecies eschatologique, ainsi que l'évangélisation interculturelle. Son émission chrétienne télévisée est vue par quatre million de personnes par semaine en Indonésie. Il est pasteur d'une église chrétienne internationale à Melbourne en Australie, où il vit avec son epouse et ses trois enfants.

Pour découvrir d'autres enseignements de Steve Cioccolanti
sur support audio et vidéo, veuillez visiter :
www.discover.org.au/bookshop
(en anglais)

Pour réserver Steve Cioccolanti pour un événement parlant,
e-mail : info@discover.org.au
Blog : www.Cioccolanti.org

Pour contacter Steve Cioccolanti
e-mail : info@discover.org.au

Tous ses livres sont disponibles sur :
http://amazon.com/author/newyorktimesbestseller

Steve Cioccolanti, titulaire d'une license en lettres et d'une maitrise en éducation, est un écrivain chrétien, un youtubeur avec plus de 280 000 abonnés (www.YouTube.com/DiscoverMinistries) et le directeur de Discover Ministries en Australie. Il est un enseignant prolifique de La Parole de Dieu.

Né en Thailande d'une famille constituée de bouddhistes, catholiques, méthodistes et musulmans, Cioccolanti a un point de vue unique sur l'évangélisation, les missions et les religions du monde.

Ayant voyager dans plus de 40 pays, Steve est un excellent orateur, qui est très sollicité pour parler sur des sujets sensibles comme la science de la création, les prophecies eschatologique, ainsi que l'évangélisation interculturelle. Il est pasteur d'une église chrétienne internationale à Melbourne en Australie, où il vit avec son epouse et ses trois enfants.